国家级一流本科专业建设点配套教材·服装设计专业系列　丛书主编｜任　绘
高等院校艺术与设计类专业"互联网+"创新规划教材　丛书副主编｜庄子平

纺织品图案设计及创意表现
——Photoshop&Illustrator

王晓丹　杨傲云　赵　莹　编著

北京大学出版社
PEKING UNIVERSITY PRESS

内 容 简 介

本书根据高等院校服装与服饰设计专业课程的教学大纲编写,共分为3章,主要讲解Photoshop和Illustrator两款软件的绘画功能及相关操作方法,并结合服装与服饰设计专业的特点、教学和工作的需求,深入介绍家用纺织品图案设计、方巾图案设计、计算机模拟贴图等内容。本书知识点密集,结合实际案例进行讲解,使理论与实践切实地结合起来。不但指导学生打下坚实的设计基础,而且注重其服装审美能力的培养。

本书可以作为高等院校服装与服饰设计专业的教材,也可以作为从事相关工作的人员和相关爱好者的参考用书。

图书在版编目(CIP)数据

纺织品图案设计及创意表现:Photoshop&Illustrator/ 王晓丹,杨傲云,赵莹编著. —北京:北京大学出版社,2023.9

高等院校艺术与设计类专业"互联网+"创新规划教材

ISBN 978-7-301-34486-6

Ⅰ.①纺… Ⅱ.①王…②杨…③赵… Ⅲ.①纺织品—图案设计—图像处理软件—高等学校—教材 Ⅳ.①TS194.1

中国国家版本馆CIP数据核字(2023)第179369号

书　　　名	纺织品图案设计及创意表现——Photoshop&Illustrator FANGZHIPIN TU'AN SHEJI JI CHUANGYI BIAOXIAN——Photoshop&Illustrator
著作责任者	王晓丹　杨傲云　赵　莹　编著
策划编辑	孙　明　蔡华兵
责任编辑	孙　明　王　诗
数字编辑	金常伟
标准书号	ISBN 978-7-301-34486-6
出版发行	北京大学出版社
地　　　址	北京市海淀区成府路205号　100871
网　　　址	http://www.pup.cn　新浪微博:@北京大学出版社
电子邮箱	编辑部 pup6@pup.cn　总编室 zpup@pup.cn
电　　　话	邮购部 010-62752015　发行部 010-62750672　编辑部 010-62750667
印　刷　者	天津中印联印务有限公司
经　销　者	新华书店
	889毫米×1194毫米　16开本　9印张　180千字 2023年9月第1版　2023年9月第1次印刷
定　　　价	59.00元

未经许可,不得以任何方式复制或抄袭本书之部分或全部内容。

版权所有,侵权必究

举报电话:010-62752024　电子邮箱:fd@pup.cn

图书如有印装质量问题,请与出版部联系,电话:010-62756370

序言

纺织服装是我国国民经济传统支柱产业之一,培养能够担当民族复兴大任的创新应用型人才是纺织服装教育的根本任务。鲁迅美术学院染织服装艺术设计学院现有染织艺术设计、服装与服饰设计、纤维艺术设计、表演(服装表演与时尚设计传播)4个专业,经过多年的教学改革与探索研究,已形成4个专业跨学科交叉融合发展、艺术与工艺技术并重、创新创业教学实践贯穿始终的教学体系与特色。

本系列教材是鲁迅美术学院染织服装艺术设计学院六十余年的教学沉淀,展现了学科发展前沿,以"纺织服装立体全局观"的大局思想,融合了染织艺术设计、服装与服饰设计、纤维艺术设计专业的知识内容,覆盖了纺织服装产业链多项环节,力求更好地为全产业链服务。

本系列教材秉承"立德树人"的教育目标,在"新文科建设""国家级一流本科专业建设点"的背景下,积聚了鲁迅美术学院染织服装艺术设计学院学科发展精华,倾注全院专业教师的教学心血,内容涵盖服装与服饰设计、染织艺术设计、纤维艺术设计3个专业方向的高等院校通用核心课程,同时涵盖这3个专业的跨学科交叉融合课程、创新创业实践课程、产业集群特色服务课程等。

本系列教材分为染织服装艺术设计基础篇、理论篇、服装艺术设计篇、染织艺术设计篇、纤维艺术设计篇5个部分,其中,基础篇、理论篇涵盖染织艺术设计、服装与服饰设计、纤维艺术设计3个专业本科生的全部专业基础课程、绘画基础课程及专业理论课程;服装艺术设计篇、染织艺术设计篇、纤维艺术设计篇涵盖染织艺术设计、服装与服饰设计、纤维艺术设计3个专业本科生的全部专业设计及实践课程。

本系列教材以服务纺织服装全产业链为主线,融合了专业学科的内容,形成了系统、严谨、专业、互融渗透的课程体系,从专业基础、产教融合到高水平学术发展,从理论到实践,全方位地展示了各学科既独具特色又关联影响,既有理论阐述又有实践总结的集成。

本系列教材在体现了课程深厚历史底蕴的同时,展现了专业领域的学术前沿动态,理论与实践有机结合,辅以大量优秀的教学案例、社会实践案例、思考与实践等,以帮助读者理解专业原理、指导读者专业实践。因此，本系列教材可作为高等院校纺织服装时尚设计等相关学科的专业教材，也可为从事该领域的设计师及爱好者提供理论与实践指导。

中国古代"丝绸之路"传播了华夏"衣冠王国"的美誉。今天，我们借用古代"丝绸之路"的历史符号，在"一带一路"倡议指引下，积极推动纺织服装产业做大做强，不断地满足人民日益增长的美好生活需要，同时向世界展示中国博大精深的文化和中国人民积极向上的精神面貌。因此，我们不断地探索、挖掘具有中国特色纺织服装文化和技术，虚心学习国际先进的时尚艺术设计，以期指导、服务我国纺织服装产业。

一本好的教科书，就是一所学校。本系列教材的每一位编者都有一个目的，就是给广大纺织服装时尚爱好者介绍先进思想、传授优秀技艺，以助其在纺织服装产品设计中大展才华。当然，由于编写时间仓促、编者水平有限，本系列教材可能存在不尽完善或偏颇之处，期待广大读者指正。

欢迎广大读者为时尚艺术贡献才智，再创辉煌！

鲁迅美术学院染织服装艺术设计学院院长
鲁美·文化国际服装学院院长
2021年12月于鲁迅美术学院

前言

当前,家用纺织品行业的发展与兴盛,无疑得益于计算机技术的广泛应用。而且,随着时代的发展,计算机技术已深入各个领域,它是当下和未来设计师都必须掌握的设计利器。党的二十大报告指出:"教育、科技、人才是全面建设社会主义现代化国家的基础性、战略性支撑。必须坚持科技是第一生产力、人才是第一资源、创新是第一动力,深入实施科教兴国战略、人才强国战略、创新驱动发展战略,开辟发展新领域新赛道,不断塑造发展新动能新优势。"设计师除了具备丰富的专业知识以外,还要掌握大量设计软件。目前,家用纺织品设计的相关软件有很多,其中应用最普遍的是Photoshop和Illustrator。这两款软件功能强大、使用频率高、易于操作,是设计师必须掌握的基础设计软件。

经过多年的教学实践和学术探索,编者对Photoshop和Illustrator两款软件进行了深入研究,并结合服装与服饰设计专业的教学实际和特点编写了本书。本书的知识点密集、知识覆盖面广,学生应当在掌握Photoshop和Illustrator两款软件的操作方法之后,能够根据要求使用计算机完成设计,从而填补传统纸笔绘画设计的空白,向"两手都会、两手都硬"的复合型人才方向发展。可以说,计算机语言大大丰富了图案设计的视觉表现力,为服装与服饰设计增添了别样的艺术魅力和现代气息。

编写本书具有以下几点意义:

1.继承服装与服饰设计的优秀传统并加快其现代化进程。服装与服饰设计一直是工艺设计的重要门类,也是专业艺术院校最早开设的专业之一,具有浓厚的文化积累和历史底蕴。随着时代和科技的发展,服装与服饰设计专业的学科种类和建设日渐完善,在传统课程的基础上,增加了许多新的课程,计算机辅助设计便是其中之一。

2.提升并健全学生的设计绘画能力。在传统的服装与服饰设计教学中,手绘占据了大部分甚至全部的课程内容,这样的课程设置大大提高了学生的手绘能力,但随着时代的进步和就业要求的提高,学生只具备手绘能力是远远不够的。因此,在掌握传统手绘技巧的基础上,学生必须学会使用计算机软件完成现代数码图案设计,这样才能与时俱进。

3. 丰富现代服饰图案设计的表现语言。现代设计呈现多样化和个性化的发展趋势，计算机软件的强大功能无疑为设计领域吹来了一阵新风。譬如说，Photoshop 和 Illustrator 中多变的画笔工具能够帮助学生轻松完成草图、线稿、填色及效果渲染，无论是位图还是矢量图，都能够得到完美的演绎。同时，软件中丰富的滤镜能为画面带来新奇感和科技感，这是传统画笔难以匹敌的优势。而且，在服装与服饰设计中，使用软件接版四方连续图案不但简单快捷，而且更加精准。此外，逼真的计算机模拟贴图使服饰图案设计的实际应用效果变得更加直观。

　　本书由王晓丹、杨傲云、赵莹编著，得到了鲁迅美术学院染织服装艺术设计学院的领导、同事及学生的大力支持，在此向他们表示诚挚的谢意！

　　由于编者水平有限，编写时间仓促，书中难免存在不足之处，敬请广大读者批评指正。

王晓丹

2023 年 3 月

第一章　Photoshop 家用纺织品图案设计及绘制　/1

第一节　家用纺织品图案设计　/2

第二节　Photoshop 的画笔工具　/10

第三节　Photoshop 家用纺织品图案绘制　/19

思考与实践　/31

作业　/31

第二章　Illustrator 方巾图案设计及绘制　/33

第一节　Illustrator 简介　/34

第二节　Illustrator 基本操作方法　/35

第三节　方巾图案设计概述　/50

第四节　Illustrator 方巾图案绘制　/55

思考与实践　/63

作业　/63

目录

第三章　计算机模拟贴图　/65

第一节　家用纺织品计算机模拟贴图　/66

第二节　方巾计算机模拟贴图　/78

思考与实践　/81

作业　/81

附录　作品赏析　/83

第一章
Photoshop 家用纺织品图案设计及绘制

【学习目标】

知识目标	技能目标
了解家用纺织品图案设计的基本概念和相关理论，并掌握图案设计的题材、构图及色彩	根据设计主题画出设计草图
掌握 Photoshop 画笔工具的种类及其主要编辑方法	掌握画笔工具的编辑方法，并根据课堂讲解和设计意图编辑出相应的画笔效果
掌握手绘线稿后计算机上色和计算机直接绘画两种图案绘制方法	进行线稿提取练习，学会手绘与计算机相结合的绘图方法；通过简单图形练习计算机直接绘图
了解图案接版的主要方式及用途，并重点掌握平接和二分之一跳接两种图案接版方法	通过简单图形练习图案接版的方法，完成设计图案的接版

第一节　家用纺织品图案设计

家用纺织品图案简称家纺图案，家用纺织品图案设计指人类居住房间内的一切纺织品的图案设计，主要包括：床上用品类，如床单、被罩、枕头等的图案设计；装饰用布类，如窗帘、门帘、沙发、座椅、凳套、桌布、室内墙纸（布）、地毯、挂毯、餐巾、靠垫等的图案设计；盥洗室用品类，如浴帘、洗洁用具等的图案设计；家居服饰品类，如家居服、围裙、厨用手套、拖鞋等的图案设计。

一、家用纺织品图案创作

1. 创作之灵感来源

设计的开始往往需要一个触发点的刺激，这个触发点可以是一点生活感悟，也可以是转瞬即逝的某个片段，这就是促成设计的灵感。

艺术创作的灵感可以来自对生活入微的观察和阅历的积累。从生活和阅历中提炼创作所需的主题和素材，不仅能使作品充满生动感和真实感，还赋予其设计师丰富的情感和认知，从而令设计作品更具活力和艺术感染力。

艺术灵感也可以来自现有素材。日常查阅优秀设计作品是积累素材和刺激创作灵感的重要途径之一，优秀作品的造型处理方式可为设计师提供良好的视觉经验，为其设计创作提供帮助。党的二十大报告中指出："中华优秀传统文化源远流长、博大精深，是中华文明的智慧结晶，其中蕴含的天下为公、民为邦本、为政以德、革故鼎新、任人唯贤、天人合一、自强不息、厚德载物、讲信修睦、亲仁善邻等，是中国人民在长期生产生活中积累的宇宙观、天下观、社会观、道德观的重要体现。"因此，中华传统文化是取之不尽、用之不竭的艺术创作素材宝库，是所有艺术创作的生命源泉和根本。

除此以外，丰富的想象力则是设计创新的重要动力。因此，联想力和想象力的训练是至关重要的。优秀的设计师要培养多样化和跳跃性的思维，避免程式化或单一化的思维模式，从而促进科学有效的设计思维的建立和发展。想象力的训练一般可以通过对事物的外观或意义的联想去展开，找出相似点或相近点，或在此基础上添加其他元素，创造出具有全新意义的新形象。

2. 创作之图案表现

（1）图案的简化。简化是图案创作的重要手段，是指在保留原始图案主要特点的基础上删除其中不重要或烦琐的细节。简化用概括、归纳和总结的方式对图案进行处理，从而使图案形象更加鲜明突出。简化后的图案可以用勾线与平涂相结合的手法进行渲染处理，从而达到突出图形醒目特征与增强图形间对比效果的目的。相关作品见图1.1。

图1.1 相关作品 | 张雯

图1.2 相关作品 | 梁世瑶

（2）图案的添加。与简化相对，添加是对图案的丰富和繁化处理，可为图案增添细节，丰富其内容和层次，令图案更加具有装饰性。添加可以通过在图形外轮廓或内部添加具象或抽象花纹的方法来实现，达到花中有花、细腻华美的视觉效果。相关作品见图1.2。

（3）图案的点绘表现。点是最具表现力的视觉元素之一，它形态多样、充满活力、肌理感强，有很强的塑造力。点可以用很多工具和方式取得，不同的工具和方式则会创造出不同形态和质感的点，如在 Photoshop 中可以运用画笔的大小抖动和散布等功能绘制出不同大小和形状的点，并可使之产生疏密、色彩等变化。可以通过点的形态、疏密、方向等的变化来表现图形的细节，或使之独立成为画面中的辅助图形。相关作品见图1.3。

图1.3 相关作品 | 吴钟珂

（4）图案的平涂表现。平涂是图案表现最常见的技法之一。可根据图形轮廓或面积进行分割，将相应的颜色均匀涂于其中，另外还可配合勾线进行绘制，从而使图案形象突出，轮廓分明。相关作品见图1.4。

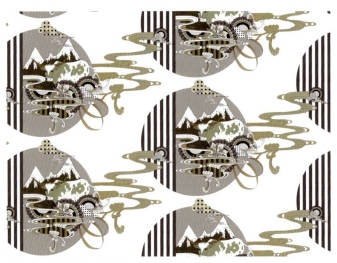

图1.4　相关作品｜陈红

（5）图案的晕染表现。晕染技法类似于建筑彩画中的退晕，指将各种颜色由深到浅，或由浓到淡渐次染出，利用色相从暗到明的自然过渡，完成图形塑造。晕染技法分单色晕染和多色晕染、薄画法和厚画法。晕染技法可令图案层次分明、细节丰富、饱满生动，呈现出温婉细腻的艺术气息。相关作品见图1.5。

图1.5　相关作品｜张湄彬

（6）图案的线绘表现。线是最具视觉张力的表现元素。在 Photoshop 中，可使用画笔工具编辑出各种线条来塑造对象。线可呈现出粗细、曲直、轻重、方向、转折、疏密等诸多方面的变化，创作者可以利用这些变化来表现物体的轮廓、形态结构或肌理质感。相关作品见图 1.6、图 1.7。

图 1.6　相关作品｜谢玲娜

图 1.7　相关作品｜朴昭妍

（7）图案的填充表现。填充指将现有的图案素材，如纤维、岩石、植物、动物等，利用 Photoshop 中的选区或蒙版填充到特定的区域内，类似于手绘技法中的拼贴。相较于传统手绘，Photoshop 中的填充操作更为简便，还可与画笔工具、图层混合模式、滤镜等结合使用，制造出更多变化，从而让图案呈现出有别于单一画笔笔触的视觉效果，大大丰富了图案的表现技法和艺术表现力。相关作品见图 1.8、图 1.9。

（8）图案的滤镜表现。Photoshop 中的滤镜主要用来实现图像的各种特殊效果，它操作简单，功能强大，但是将其功能应用得恰到好处却不容易。在纺织品图案设计中，适当利用 Photoshop 中的滤镜功能对所绘图案进行某种特殊的效果处理，能够令图案产生有别于传统手绘的独特变化。另外，可用某种或几种滤镜直接制作出抽象图案用于设计之中，从而使设计呈现出时尚、新奇之感。相关作品见图 1.10、图 1.11。

图1.8 相关作品｜林兴尧

图1.9 相关作品｜王方圆

图1.10 相关作品｜耿佳慧

图1.11 相关作品｜耿佳慧

二、图案的类型

1. 具象图案

具象图案设计是家用纺织品图案设计的常见主题，并一直居于重要地位。具象图案指表现植物、动物、人物、风景、器具等具体物象的图案。

2. 抽象图案

抽象图案指表现不具体物象的图案，与具象图案相对应，包括格子、条纹、点纹肌理等。抽象图案大多来自具象形态的概括和升华，可以是造型的基本元素，如点、线、面的组合。抽象图案充分体现了纯形式的造型语言和装饰形态，是许多艺术家钟爱的表现题材，也是古今染织图案中重要的图案类型。

3. 传统图案

传统图案指中国及外国历代流传下来的具有独特民族艺术风格的图案，如中国的吉祥图案、外国的佩兹利图案等。传统图案不仅造型精美，而且蕴含丰富的文化内涵，既是人类文明进步的艺术结晶，又是家用纺织品图案设计永不枯竭的宝贵资源。

4. 流行图案

流行图案指传播迅速且盛行一时的图案，图案内容、造型、表现手法皆反映了当时的文化、审美和生产工艺等。流行图案包括镂空图案、剪影图案、补丁图案、玫瑰图案、光效应图案（由精确的骨格交错变动形成的抽象图案，源自欧普艺术，以放射的波纹形和扩散的色块，结合黑与白等简洁套色刺激观者的视觉，使其产生律动的幻觉）、动物毛皮图案、文字图案、写真图案、卡通图案等。流行图案具有强烈的时尚感，但易随时代和流行趋势的改变而被淘汰，因此，在使用这类图案进行设计时，要关注当下的流行趋势和新的审美倾向。

三、图案的颜色

家用纺织品应用空间特殊，为了突显室内柔和、高雅的格调，家用纺织品图案多用协调色配色，以便于更好地营造温馨、宁静的室内氛围。另外，家用纺织品图案配色还受季节、流行色、房间的装修风格、受众群体等诸多因素影响，可进行个性化配色。

四、图案的构图

因生产工艺及应用范围的制约和影响，家用纺织品图案设计的构图不同于其他设计。家用纺织品图案设计通常需要先设计出单位图案，然后使用不同的接版方式如平接、跳接等将其连接成二方或四方连续图案，挂版后形成的图案空间布局才能真正体现出设计的整体构图。常见的家用纺织品图案的构图形式主要有以下几种。

1. 满地构图

大气、华丽、饱满是满地构图的艺术特色。在满地构图的整体布局中，"底"占据很小的比例或没有"底"，而花型则占据画面的整个或大部分空间，花型丰富多变，通常由主花型、辅助花型、点缀花型3大部分构成。满地图案配色丰富、层次分明，整体端庄华丽。相关作品见图1.12。

2. 混地构图

在混地构图中，花型与"底"的面积大致相同，图案分布疏密有度、主次关系明确、排列匀称且富于变化。采用混地构图要注意正负形关系的协调，注意图案中每个元素之间的呼应联系，从而避免花型在接版后产生明显的横档、直条、斜路等缺陷。相关作品见图1.13。

图1.12　相关作品｜李慧

图1.13　相关作品｜徐萌

3. 清地构图

在清地构图中,"底"占有最大的面积,而花型占据的面积较小。清地构图的特点是"空地"较大,花型相对比较分散,图与"底"的关系分明,因此呈现出轻松、灵动的视觉效果。这种构图方式适用于床品、窗帘等的图案设计,设计时要注意花型间的联系和变化节奏,避免散、碎,可采用某些特定元素将主花型联系起来,制造视觉连续性和秩序性,这是一种有效的图案处理方式。相关作品见图1.14。

4. 定位构图

定位构图是在家纺产品特定部位完成的图案设计。这种设计不受花型连续性的限制,构图相对来说比较自由、独立,花型的布局、大小和排列方式可按产品的尺寸、款式确定,主要有单独纹样、角隅纹样、二方连续纹样等样式。相关作品见图1.15。

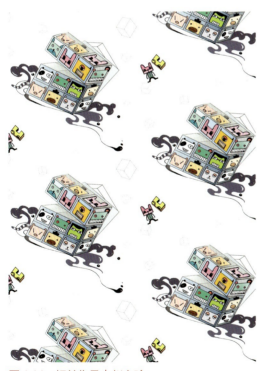

图1.14　相关作品｜赵心瑜　　　　图1.15　相关作品｜卓本睿

第二节　Photoshop 的画笔工具

进入信息时代后，计算机早已应用于各个领域，产品的设计、生产、销售等环节都可以由不同的计算机软件来完成。因此，纺织品图案设计师必须掌握相关的绘图软件才能适应时代和社会的发展。其中，Photoshop 就是设计师必须掌握的软件之一。

本节主要讲解 Photoshop 画笔工具的使用方法。在 Photoshop（主要指 Photoshop CC 及以上版本）中，【画笔】可谓是插画师、CG 爱好者、平面设计师钟爱的工具。它能够灵巧地塑造各类形象，如抽象的点、线、面和具象的图形、图案等，是一种极为高效且效果丰富的图形绘画和图像编辑工具。多变的笔触效果可通过编辑【画笔】面板来实现，如设置画笔的大小、硬度、形状、绘图模式、不透明度、形状动态、散布、颜色动态和双重画笔等。下面将详细介绍【画笔】面板的相关知识与操作技巧。

一、设置画笔的大小、硬度和形状

在 Photoshop 中，【画笔】工具有几个不同的属性：大小、硬度、形状。大小是指画笔的尺寸；硬度是指画笔边缘的虚实；而形状则是指画笔的外观。一般来说，Photoshop 中内置多种画笔笔刷，此外还可根据实际需要通过自定义或下载笔刷的方法来获取新的笔刷形态。无论哪种笔刷，都可以通过【画笔】面板来设置画笔的大小、硬度和形状，这样可以找到最合适的画笔样式来编辑图像文件。以下是具体的编辑和操作方法。

1. 大小设置

用鼠标在工具箱中单击【画笔工具】按钮，执行【窗口】主菜单下方的控制栏，选择【画笔】菜单项，在弹出的【画笔】面板中的【大小】文本框中输入数值设置画笔的大小，或拖动三角划块设置画笔的大小。另外，快捷键是最有效的画笔尺寸更改方法，点按键盘上的左、右中括号（大括号）键可直接让画笔变小或变大。

2. 硬度设置

硬度大小决定了画笔边缘的虚实，硬度值为 100，画笔边缘最实，可画实线或均匀的色彩；硬度值为 0，画笔边缘最虚，可表现柔和、虚化的笔触；硬度值处于 0～100 之间则可表现为某种程度的虚化，根据实际需要调整即可。在【硬度】文本框中输入画笔的硬度值或拖动三角划块，都可改变画笔的硬度。

3. 笔刷设置

控制栏的【画笔】面板中有不同类型的画笔笔刷，如常规画笔、干介质画笔、湿介质画笔和特殊效果画笔。点开画笔类型可看到不同形态的笔刷，单击选择即可使用。相关操作见图 1.16。

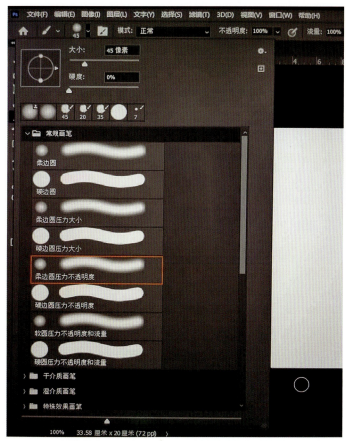

图 1.16　相关操作

通过设置画笔笔刷的形态、大小和硬度，可按设计意图表现不同风格的图案，并能体现清晰的笔刷肌理。相关作品见图 1.17。

图1.17　相关作品｜王晓丹

二、设置画笔的模式

在Photoshop中，可以设置画笔的模式。使用不同的模式，可使画笔色彩产生不同的变化，如变色、透明、叠加等。下面介绍设置模式的操作方法。

在Photoshop的工具箱中单击【画笔工具】按钮，在【画笔工具】控制栏中的【模式】下拉列表框中，选择准备应用的模式选项，如正常、溶解、正片叠底、变亮、滤色、叠加、色相等。通过以上方法即可完成设置模式的操作。相关操作见图1.18。

图1.18　相关操作

三、设置画笔的不透明度

在 Photoshop 中，画笔的不透明度选项可以让画笔中的颜色以不同比例表现在画板上，由此产生不同程度的透明色。通过设置画笔的不透明度，可改变画笔绘制的效果。下面介绍设置画笔不透明度的操作方法。

在 Photoshop 的工具箱中单击【画笔工具】按钮，通过在画笔工具控制栏中的【不透明度】选项中调节不透明度按钮划块来改变画笔的不透明度数值，由此在绘画时，画笔可出现类似于水彩的透明效果或颜色叠加效果。相关操作见图 1.19。

图 1.19　相关操作

【设置画笔的形状动态】

四、设置画笔的形状动态

Photoshop 画笔之所以能够产生丰富多彩的绘画效果，是由【画笔设置面板】决定的。【画笔设置面板】中包含多个编辑选项，如形状动态、散布、纹理、双重画笔、颜色动态、传递、杂色、湿边、建立、平滑、保护纹理等。

形状动态决定画笔笔迹的变化。在 Photoshop 中调出【画笔设置面板】后，先在【画笔笔尖形状】选项栏的【画笔样式】区域中选择准备应用的画笔形状样式，如"散布枫叶"。然后勾选【形状动态】选项，可调节【大小抖动】【角度抖动】【圆度抖动】等选项，以此得到变化后的画笔形态。

1. 大小抖动

大小抖动是指画笔笔迹大小的改变规律和方式。如果准备指定抖动的最大百分比，则可通过键入数字或使用滑块来输入相应数值。

画笔大小抖动里有一个【最小直径】选项，它可以设置画笔缩放的最小百分比。可通过键入数字或使用滑块来得到需要的画笔笔尖直径，数值越低，画笔直径就越小。

2. 角度抖动

角度抖动是指画笔笔迹角度的改变方式。如果准备指定抖动的最大百分比，可以在文本框中输入 100%，除此之外，可通过在文本框中输入 0~100% 的数值来调整画笔笔迹角度。

3. 圆度抖动

圆度抖动是指单个画笔笔刷的透视变化。如果准备指定抖动的最大百分比，可以输入一个指明画笔长短轴的百分比。相关操作见图1.20。

图1.20　相关操作

五、设置画笔的散布

【设置画笔的散布】

散布决定了画笔笔迹的数目和位置，可用来表现数量众多的对象。另外，可以先设计好某种笔刷，然后通过编辑【形状动态】和【散布】里的选项创造出具有特殊质感的画笔，这类画笔可用来描绘结构与细节，增加画面的视觉质感和层次感。

1. 散布

散布指定画笔笔迹在描边中的分布方式。散布（两轴）是指选择的画笔笔迹在描边中的分散程度，数值越大，分散的范围就越广；勾选两轴的选项框，画笔笔迹就会以中心点为基准向两侧分散。相关操作见图1.21。

2. 数量

数量指定在每一个间距间隔应用的画笔笔迹数量。

3. 数量抖动

数量抖动指定画笔笔迹的数量如何针对各种间距间隔而变化。如果准备指定在每个间距间隔处涂抹的画笔笔迹的最大百分比,可以输入一个值。相关作品见图1.22。

图1.21　相关操作

图1.22　相关作品｜郑紫奕

六、设置画笔的纹理

画笔的纹理是由 Photoshop 中的某种图案与主画笔叠加在一起产生的一个新的画笔笔迹。相较于单一的画笔笔迹,加入图案的纹理笔迹有奇妙的表现效果。可通过调整面板中的缩放、亮度和对比度等选项使图案产生变化,从而使画笔笔触更加生动有趣。相关操作见图1.23。

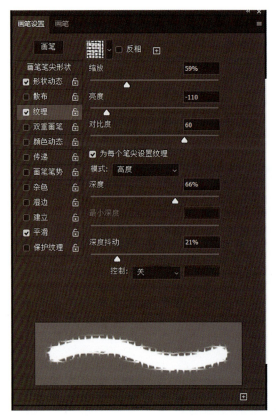

图1.23 相关操作

七、设置双重画笔

双重画笔是由两个不同的画笔形状样式混合产生的新的画笔笔迹。下面介绍设置双重画笔的操作方法。

在Photoshop中打开【画笔】面板，先在【画笔笔尖形状】选项栏中选择准备应用的画笔形状样式作为主画笔，然后勾选【双重画笔】选项，选择第二个准备应用的画笔形状样式。第二个画笔的形态比较重要，一定要有明显区别于主画笔的特点，这样二者混合后才会产生奇特的笔迹效果。

双重画笔丰富多变，可模拟多种绘画效果和笔触，如水彩、水墨等。如果想得到水彩或水墨效果，先要将主画笔设置为柔边画笔，第二个画笔则要选择具有特别肌理或质感的形状样式，可以在干介质画笔、湿介质画笔和特殊效果画笔中选择。如果没有特别适合的，还可以通过自定义来设计新的画笔。选择完两个画笔后，可同时勾选【画笔】面板中的【湿边】效果，这样就可以模拟水彩或水墨效果。另外，想要呈现更加丰富的绘画效果，还可加入【颜色动态】选项，让单一的画笔颜色产生或微妙或显著的变化。相关操作见图1.24～图1.26，相关作品见图1.27。

第一章 Photoshop 家用纺织品图案设计及绘制 | 17

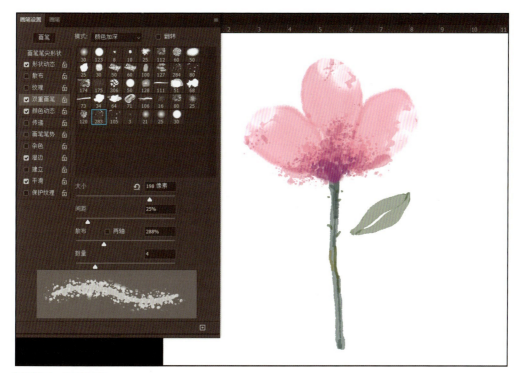

图 1.24 相关操作

【设置双重画笔 1】

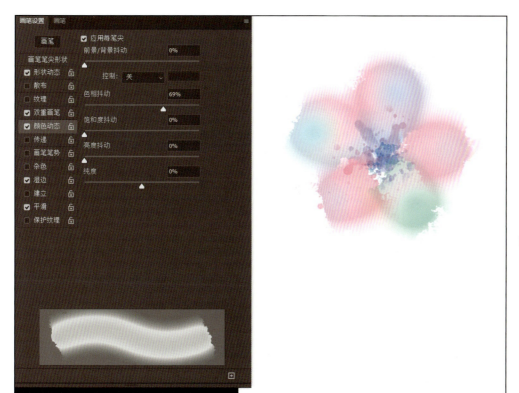

图 1.25 相关操作

【设置双重画笔 2】

图 1.26 相关操作

图 1.27 相关作品 | 谢昆宏

第三节　Photoshop 家用纺织品图案绘制

一、线稿绘画

1. 画笔或铅笔直接绘制

在 Photoshop 的【画笔】面板中设置好画笔形状样式、大小及模式后，即可使用工具箱中的画笔工具或铅笔工具进行图像编辑的操作。通过使用画笔或铅笔工具，可以模拟传统介质进行绘画。铅笔工具多用来勾画图形轮廓，画笔则是描绘和渲染的主要工具。当然，某些画笔也可以用来勾画轮廓，或者做图形的勾边处理。

2.【画笔】工具的操作方法

（1）在【画笔工具】选项栏中，选择准备应用的画笔形状样式。

① 打开图像，在工具栏中单击【画笔工具】按钮。

② 在前景色框中选择准备应用的颜色。

③ 在【画笔工具】选项栏中，单击【画笔工具预设管理器】下拉按钮。

④ 在弹出的下拉面板中，选择应用的画笔样式，即可在文档窗口中绘制图形。

在 Photoshop 中，如果准备应用【画笔设置】面板中的功能，按下快捷键 F5，即可快速调出该面板。

（2）【铅笔】工具。使用【铅笔】工具可以创建硬边直线，它与【画笔】工具一样可以在当前图像内涂上前景色。下面介绍使用【铅笔】工具绘制图形的操作方法。

在【铅笔工具】选项栏中选择准备应用的铅笔形状样式。

① 打开图像，在工具栏中单击【铅笔工具】按钮。

② 在【前景色】框中选择准确的应用颜色。

③ 在【画笔工具】选项栏中单击【铅笔工具预设管理器】下拉按钮。

④ 在弹出的下拉面板中选择应用的画笔样式，可在文档窗口开始图形的绘制。相关操作见图 1.28。

如果准备绘制直线，可以点按键盘上的 Shift 键。

3. 手绘线稿

在纺织品图案设计中，也可采用手绘与计算机相结合的方式，如先在纸上画出轮廓线稿，再通过扫描或拍摄的方式形成位图，然后用 Photoshop 软件上色并进行细致描绘。具体方法如下。

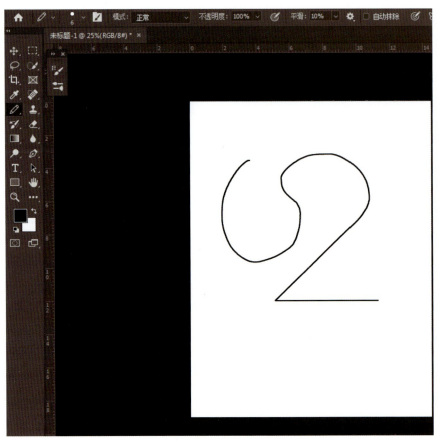

图1.28 相关操作

（1）打开扫描或拍摄的线稿图片，将前景色设置为黑色，选择合适的画笔工具对线稿进行完善，修复断开的或不清晰的线，注意轮廓线要完全封闭，这样有利于下一步的上色。相关操作见图1.29。

（2）在【图像】菜单中单击【模式】，将文件从RGB模式转变为灰度模式，这样做有利于色彩调整。然后，切换至【通道】面板，复制灰度通道，使用【图像】面板【调整】中的曲线来调整画面。值得一提的是，由于图像拍摄的时间、光线等因素的影响，整个画面会产生不同程度的色差，为调色带来一定的困难。这时要借助选择工具来精确调整颜色。为了避免这类情况的发生，建议拍摄线稿时选择白天、光线充足的地方。另外，扫描也是非常好的方式，能使线稿画面更加干净、清晰。

线稿经色彩调整后，背景色为没有杂色的白色，而图案则是清晰的黑色线条。接下来执行色彩【反相】命令，快捷键为Ctrl+I组合键。相关操作见图1.30、图1.31。

（3）单击通道面板下方的虚线圆形图标，将白色线条建立为选区状态。

第一章　Photoshop 家用纺织品图案设计及绘制 | 21

图 1.29　相关操作

图 1.30　相关操作

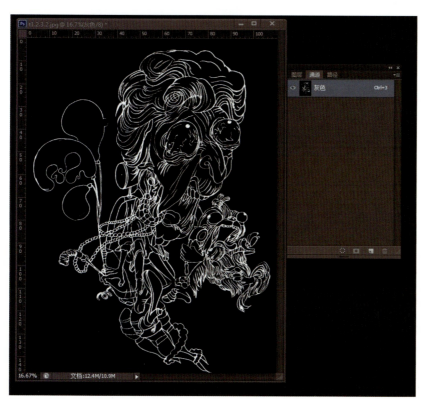

图 1.31　相关操作

【手绘线稿】

(4)返回图层面板,新建新图层,然后在选区内填入黑色,生成线稿图层,并将其锁定。相关操作见图 1.32。

(5)将目标文件的色彩模式由灰度模式转变为 RGB 或 CMYK 模式,并存储该文件。

(6)用魔棒工具在线稿图层单击选择要着色的区域,并新建图层进行颜色填充或画笔绘画。相关操作见图 1.33。

图 1.32　相关操作

图 1.33　相关操作

注意：合理使用图层，将颜色相同且容易被单独选中的图形放置于同一图层，这样有利于后期的编辑和修改。如果所绘对象过于复杂，还可使用图层组。

二、填充颜色与图案

在 Photoshop 中，可以在打开的图像中填充自定义的颜色或图案，通过填充颜色与图案，不仅可以达到美化图像的效果，而且可以区分图像的不同区域。

1. 油漆桶工具

运用油漆桶工具，可以在图形的指定区域填入事先设置好的前景色或图案。同时，还可以对封闭区域中颜色相近的区域进行填充。

2. 填充命令

（1）填充前景色或背景色，快捷键为 Alt+Delete 或 Ctrl+Delete 组合键。先在画面中生成选区，然后调整好前景色或背景色，使用相应的快捷键将颜色填入。

（2）填充命令。填充命令指的是【编辑】菜单中的填充，快捷键为 Shift+F5 组合键。使用填充命令可在预定的区域内填入颜色、图案等。相关操作见图 1.34。

图 1.34　相关操作

（3）画笔效果。在画好的线稿或填充的单色区域内使用具有特殊肌理的画笔，可产生丰富的绘画效果，叠加软件特有的功能和强大的编辑能力，最终效果甚至可以超越传统手绘。画笔效果包括水彩、水墨画笔、特殊肌理画笔、自定义效果画笔等。相关作品见图 1.35、图 1.36。

图1.35 相关作品 | 耿祎璠

图1.36 相关作品 | 张晓宇

三、家用纺织品图案接版

家用纺织品图案具有连续性特征，大多数为四方连续纹样，因此需要通过接版的方式来完成单位纹样的连续循环。接版也是印花图案设计中印花工艺的要求。通过接版可以检查单位纹样之间的关系是否协调，从而避免把设计中的不协调因素带到下一个生产环节。目前，最常用的印花图案接版方法有两种：一是平接；二是二分之一跳接。

1. 平接

平接指单位纹样的上和下相接、左和右相接并保持位置不变，从而形成4个方向上的连续和循环。接版前，一定要按照平接的要求将图案元素的对接部分转移至对应位置，否则，完成接版后的四方连续图案会出现缺失或多余等缺陷。平接的接版方法如下。

（1）打开要平接的图案，将除背景以外所有的图案图层合并在一起。

（2）用矩形选框工具选中要连接的图案部分，将工具更换为移动工具，同时按住Shift键，操纵鼠标将选框内的图形移动至相对的位置，如水平左移或右移、垂直上移或下移。相关操作见图1.37、图1.38。

【平接】

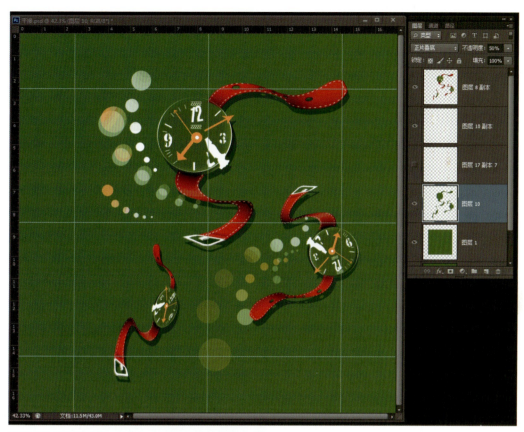

图 1.37　相关操作

图 1.38　相关操作

（3）完成图案移动后，单击【图像】选择【画布大小】，将当前文件画面裁剪至单位图案要求的尺寸，并拼合图像存储为 JPG 格式。

（4）单击【图像】选择【图像大小】，修改图像尺寸，尺寸大小可参考接版文件的尺寸。例如，在宽度为 30cm 的接版文件中，要想容纳两个或两个半单位的纹样，可将单位图案文件尺寸修改为 10cm 或 12cm。

（5）单击【编辑】中的【定义图案】，设置图案名称，然后单击确定。相关操作见图 1.39。

图 1.39　相关操作

（6）新建一个宽度为 30cm、高度为 40cm 的文件，打开【编辑】中的【填充】，在【内容】中的【使用】中选择【图案】，在【自定图案】中选择刚才定义好的图案，然后单击确定完成此次操作。相关操作见图 1.40、图 1.41。

图 1.40　相关操作

图 1.41　相关操作

2. 二分之一跳接

二分之一跳接指单位纹样上下垂直对接，左右二分之一处错位连接。二分之一跳接形成的四方连续纹样的构图更加灵活，韵律感更强。这种接版方式较平接略有不同，具体操作方法如下。

【二分之一跳接】

（1）打开图案，按照二分之一跳接的方式将图案移接至相应的位置。移动上下图案时须按 Shift 键，从而确保图案接版时的准确度；而左右图案的连接则需要参考线的协助，移接图案前要在原图案与参考线相交的位置设立新的参考线，然后使用矩形选框工具和移动工具将图案移动至相应位置。接下来，打开【图像】中的【画布大小】，将图像裁切至单位图案尺寸，合并图层并存储为 JPG 格式。相关操作见图 1.42、图 1.43。

图 1.42　相关操作

图 1.43　相关操作

（2）打开【图像】中的【图像大小】，调整当前图像尺寸至定义图案所需的数值（以接版尺寸为调整依据），然后将此图像顺时针旋转 90°。打开【编辑】里的【定义图案】，将改变尺寸后的图案定义为填充图案。相关操作见图 1.44～图 1.46。

图1.44 相关操作

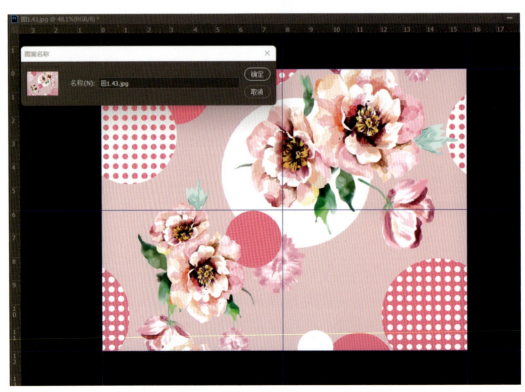

图1.45 相关操作

图1.46　相关操作

（3）新建一个宽度为40cm、高度为30cm、分辨率为300的文档，然后打开【编辑】里的【填充】，在【内容】中的【使用】中选择【图案】，并在【自定图案】中选择刚才定义好的图案。勾选【脚本】选项中的【砖形填充】，在弹出的编辑面板中设置相关数值：图案缩放为1，间距为0像素，行之间的位移为50%的宽度，颜色随机性、亮度随机性均为0，图案旋转角度为0度。设置好这些数值后，单击确定按钮即可完成填充。相关操作见图1.47~图1.49。

图1.47　相关操作

（4）图案填充完毕后，打开【图像】中的【图像旋转】，将图像逆时针旋转90°，并保存该接版图像。至此，二分之一跳接接版全部完成。相关操作见图1.50。

图1.48　相关操作

图1.49　相关操作

图1.50　相关操作

思考与实践

常见的家用纺织品图案的构图形式有哪些?

作业

1. 简述 Photoshop 中画笔工具的主要编辑方法及其艺术效果。
2. 练习平接和二分之一跳接的操作方法。

第二章
Illustrator 方巾图案设计及绘制

【学习目标】

知识目标	技能目标
掌握 Illustrator 的基本工具和命令的使用方法	通过课堂小练习掌握矢量绘画的方法，并记住常用的快捷键
掌握 Illustrator 中最重要的浮动面板的编辑与工具的综合使用方法	使用 Illustrator 绘制方巾图案的元素图，并结合画笔面板进行效果编辑
结合实际案例了解方巾图案设计的基本要求，掌握构图和色彩的设计规律	通过案例学习掌握方巾图案设计的要点，并拟定设计主题，画出草图
掌握方巾图案的整体绘制过程	课堂完成方巾图案设计的各项作业，并及时解决出现的问题

第一节　Illustrator 简介

党的二十大报告提出："加快发展数字经济，促进数字经济和实体经济深度融合，打造具有国际竞争力的数字产业集群。"家用纺织品行业在数字技术的支持下得到了迅猛的发展，数字技术衍生的视觉形态不仅颠覆了传统纺织品图案的视觉语言，而且拓展了设计视野和灵感来源。其中矢量绘画广泛应用于印花和提花的设计与生产，能够完成这类绘画作品的主要软件是 Adobe Illustrator，简称 AI。Adobe Illustrator 是 Adobe 公司生产的一款重量级矢量绘图软件，深受插画师和计算机爱好者的青睐，广泛应用于印刷出版、海报设计、书籍排版、专业插画、多媒体图像处理和互联网页面制作等领域。

经过软件升级，Adobe Illustrator 不断优化整体性能，可为处理大型、复杂文件的精确度、速度和稳定性提供可靠的保证，能够既快速又精准地完成不同类型的设计。

【知识链接】

1. 矢量图

矢量图又称面向对象的图像或绘图图像，在数学上定义为一系列由点连接的线。矢量文件中的图形元素称为对象，每个对象都是一个自成一体的实体，具有颜色、形状、轮廓、大小和屏幕位置等属性。

矢量图是根据几何特性来绘制图形，矢量可以是一个点或一条线，矢量图只能靠软件生成。因为这种类型的图像文件包含独立的分离图像，所以可以重新自由组合。矢量图有两个特点：一是文件在计算机内占用空间较小；二是图像可以任意放大尺寸，且放大后不会失真。因此，矢量图多应用于图形设计、文字设计、标志设计、版式设计等领域。

2. 位图

位图又称点阵图或栅格图像，是由像素点排列并着色而形成的图像。每个像素都有特定的位置和颜色值。位图按从左到右、从上到下的顺序记录图像中每一个像素的信息，如像素在屏幕上的位置、像素的颜色等。单位长度内像素值的大小决定了位图图像质量，即单位长度内像素越多、分辨率越高，图像的效果就越好，反之则越差。

位图图像细腻逼真，但不能像矢量图那样可任意放大，否则极易影响图像的清晰度和质量，而且位图图像文件所占空间也较大。

第二节　Illustrator 基本操作方法

一、界面认识

Illustrator（CC 及以上版本）的工作界面与 Photoshop 类似，由工具箱、控制面板、浮动面板、菜单栏等组成。相关图片见图 2.1。

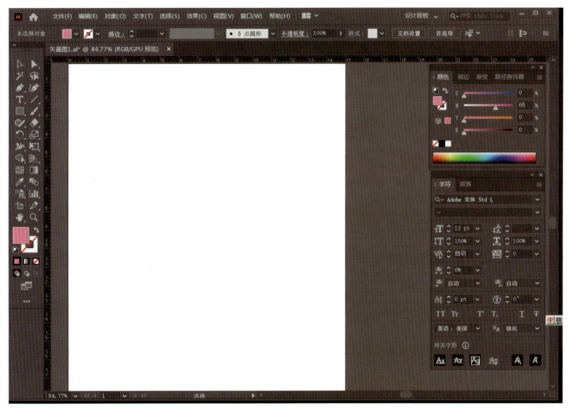

图 2.1　相关图片

1. 工具箱

Illustrator 的工具箱中包含用于编辑、创建和绘制图形、图表及网页元素的多种工具，单击右上角的双箭头按钮可根据个人喜好使其按单列或双列显示。

用鼠标单击一个工具，可选择该工具。工具箱右下角有三角形图标的工具表示包含多个工具的工具组，将光标移动到这样的工具上，单击右键即可显示隐藏的其他工具，然后将光标移到要选择的工具上即可选中该工具。

2. 控制面板

控制面板位于菜单栏下方，包含"画笔""描边""图形样式"等常用工具，因此无须打开这些面板就可以在控制面板中完成相应的操作，而且控制面板还会根据当前使用的工具和所选对象变换选项内容。

在控制面板中，带有下划线的蓝色文字可以显示相关的面板或对话框，单击菜单箭头按钮，可以打开下拉菜单或下拉面板。

3. 浮动面板

Illustrator 中有很多用于编辑操作的"隐藏面板"，需要时可使之出现在界面上，称为浮动面板。它们全部集中于【窗口】命令菜单上，一般情况下，只有少数几个面板停留在界面右侧。

浮动面板可折叠和展开，单击面板右上角的双箭头按钮即可。浮动面板也可以分离和组合：将面板组中的任意一个面板向外侧拖动，即可将其从组中分离出来成为独立面板；单击一个面板的标题栏，并将其拖动至另一个面板的标题栏，待出现蓝线时放开鼠标，即可将两个面板组合到一起。

此外，有些面板的选项不够详细，单击面板右上角的按钮即可打开该面板菜单。而关闭面板也很简单，只需要单击该面板右上角的【×】按钮。

4. 菜单栏

Illustrator 有 9 个主菜单，每个菜单中包含不同类型的命令。单击一个菜单可以打开该菜单，带有黑色三角标记的命令包含下一级的子菜单。选择该菜单中的一个命令即可执行该命令。如果命令后面有快捷键，则可通过快捷键来执行命令。

此外，在窗口的空白处、对象上或面板的标题栏上单击右键，可以显示快捷菜单。

二、常用命令操作

1. 文件

（1）新建。

执行"文件＞新建"命令，或按 Ctrl+N 组合键，可以打开【新建文档】对话框，输入文件的名称，设置大小和颜色模式等选项，单击【确定】按钮，即可创建一个空白文档。

在新建文档时，首先要注意文件大小的单位选项，常用的为毫米和厘米。另外，关于颜色模式和栅格效果的选择，颜色模式常用选项是 CMYK，栅格效果建议选择"高（300ppi）"，这样能够保证打印或印刷效果。

Illustrator 还可创建多页文档，在【新建文档】对话框的【画板】中输入想要的数字即可。

（2）打开。

执行"文件＞打开"命令可打开选中的文件，快捷键为 Ctrl+O 组合键。

Illustrator 可同时打开多个文档，创建多个文档窗口，它们可以同时停放在选项卡中。单击一个文件的名称，可将其设置为当前窗口，按 Ctrl+Tab 组合键，可以循环切换各个窗口。将一个窗口从选项卡中拖出，它便成为可以任意移动的浮动窗口（拖动标题栏可移动），也可以将其拖回选项卡中。如果要关闭一个窗口，可单击其右上角的【×】按钮，如果要关闭所有窗口，可在选项卡上单击右键，执行快捷菜单中的"关闭全部"命令。

（3）存储/存储为。

在"文件"中有两个保存文件的命令——存储和存储为。两者都有保存文件的功能，但又各具不同的功能。

"文件＞存储"用于保存对文件所做的修改，快捷键为 Ctrl+S 组合键。初学者要养成随时保存文件的习惯，避免因断电、死机等意外情况丢失文件。如果需要修改文件名称、文件格式或将文件保存到其他位置，可使用"存储为"命令。

由 Illustrator 完成的文件主要的存储格式为 .ai 和 .eps，还有 .pdf、.svg 等不常使用的格式，要根据文件的使用范围和方式来选择相应的格式。

（4）关闭。

在 Illustrator 中要关闭当前文件主要有两种方式：一种是单击文件右上角的【×】按钮；另一种是按 Ctrl+W 组合键。

（5）导出。

通过"文件＞导出"命令将 Illustrator 中的文件转成其他格式，如 JPG、TIF、PSD 等，可在其他软件中打开或编辑文件，这是一项很重要和实用的命令。导出文件时注意导出菜单中的编辑选项，如色彩模式、品质和分辨率，以免导出的文件质量降低或不可使用。

2. 编辑

（1）还原/重做。

还原是最常用的命令之一，可以撤销错误的操作或不如意的效果，点按 Ctrl+Z 组合键即可撤销最后一步操作，连续按此快捷键则可撤销多步。如果想要恢复被撤销的操作，则可执行"编辑＞重做"命令，或按 Shift+Ctrl+Z 组合键。

（2）剪切/复制/粘贴。

① 剪切（Ctrl+X）。将对象在原文件处剪除，配合粘贴命令可将其粘贴到其他地方。

② 复制（Ctrl+C）。复制无疑是计算机软件方便、有效的功能之一。它为相同元素的重复使用提供了最简单的操作方式。执行复制命令可以对对象进行复制，同时配合粘贴命令可进行对象的多次复制。

③ 粘贴（Ctrl+V）。能够粘贴复制的对象，通常与剪切或复制一起使用。

④ 粘贴在前面（Ctrl+Shift+F）。与粘贴的功能基本一致，只是可将复制或剪切的对象粘贴在原有对象的上面。

⑤粘贴在后面（Ctrl+Shift+B）。与粘贴的功能基本一致，只是可将复制或剪切的对象粘贴在原有对象的下面。

⑥多重复制（Ctrl+D）。执行一次复制后，按此快捷键可进行多次相同的操作，适合多个对象的复制或对称图形的绘制。

3. 对象

（1）排列。排列能够处理两个以上对象的上下层次关系。快捷键为Ctrl+［将对象前移一层，Ctrl+］将对象后移一层，Ctrl+Shift+［将对象置于底层，Ctrl+Shift+］将对象置于顶层。

（2）编组。编组将多个对象组合为一个复杂图形的命令，快捷键为Ctrl+G，按Ctrl+Shift+G组合键即可解除编组。而对于包含多个组的编组对象，则需要多次按该快捷键才能解散所有的组。

（3）锁定。锁定可将选中的对象锁定在原位，从而避免后续的编辑操作对其产生影响。快捷键为Ctrl+2，解除锁定为Ctrl+Alt+2组合键。

（4）扩展/扩展外观。扩展一般就是指扩展对象，想要修改对象的外观属性及其中特定图素的其他属性时，就需要扩展对象。如一个圆和一个具有实色填色与描边的圆，使用扩展命令可使之分离。而扩展外观则是针对对象的某种效果的操作，可将现有效果外观固定而不能再做修改。

【图案】

（5）图案。图案面板可用于连续图案的生成，图案面板中包含多种图案接续方法，如网格、砖形（按行）、砖形（按列）、十六进制（按行）、十六进制（按列），可形成不同的连续图案，还可调整图案的疏密及叠压关系。相关操作见图2.2。

【混合】

（6）混合。混合就是在两个及以上的原始路径之间产生多个特殊的路径，可以说是一种渐变。这种渐变可以是颜色渐变、大小渐变，也可是形状渐变。混合功能强大，编辑效果极其丰富，有时甚至还能产生三维效果。相关操作见图2.3。

（7）路径。可对开放路径、闭合路径、同一路径或不同路径进行个性化编辑，包括连接、平均、轮廓化描边、偏移路径、反转路径方向、简化、添加锚点、移去锚点、分割下方对象、分割为网格、清理等操作。

【封套扭曲】

（8）封套扭曲。简单来说，封套扭曲是一种变形功能，可令对象的外部和内部产生某种形态的变化。封套扭曲可以使用选定的封套，也可以使用预设的变形或网格作为封套。相关操作见图2.4。

（9）实时上色。实时上色是Illustrator中特别实用的图形上色工具，它可对图形中的各个区域进行填色。使用这个功能时，需要先将上色的图形转变为实时上色组，然后选择工具箱中的实时上色工具，在图形相交叠的区域填充颜色、图案或者使之渐变。

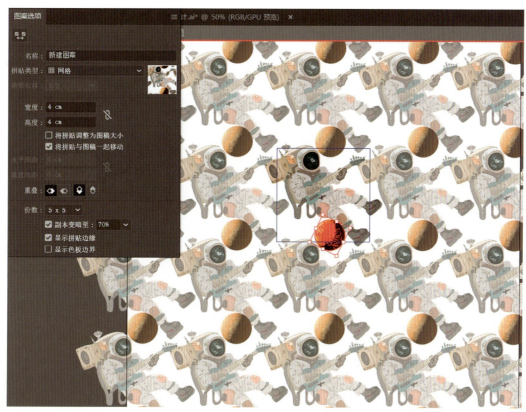

图 2.2 相关操作

图 2.3 相关操作

图 2.4 相关操作

（10）图像描摹。图像描摹可以把一个单色或彩色的像素图片，描摹成矢量图。可以将图像描摹简单理解为从位图到矢量图的转变。相关操作见图2.5。

【图像描摹】

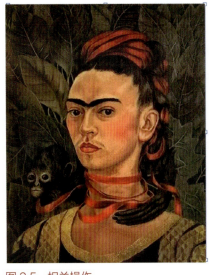 

图2.5　相关操作

（11）剪切蒙版。剪切蒙版是 Illustrator 软件的常用功能之一，可以遮盖效果路径之外的对象。剪切蒙版的操作方法较简单：先建立路径图形，将其置于要遮盖的对象之上，再将二者全部选中，单击右键选择创建剪切蒙版。相关操作见图2.6。

【剪切蒙版】

图2.6　相关操作

（12）文本绕排。文本绕排主要用于文字和图片的排版，可以使文字沿着指定的对象做环绕排列而不影响指定的图像对象。

4. 效果

效果菜单可为矢量图和位图提供大量的艺术外观效果，如添加投影、变形、扭曲、边缘羽化、3D等。此外，它还有与Photoshop相同的滤镜效果，为设计带来了无限可能。相关操作见图2.7。

图2.7 相关操作

三、常用工具的基本操作方法

1. 选择工具

在Illustrator中有5种选择工具，分别为选择工具、直接选择工具、编组选择工具、魔棒选择工具和套索选择工具。

（1）选择工具。整体选择对象。

（2）直接选择工具。局部对象或路径点的选择及调整工具，按Shift键可选择多个局部点或线。

（3）编组选择工具。选择群组中的一个或多个对象。

（4）魔棒选择工具。选择具有相同或相近属性的对象，如具有相近的填充色、边线色、边线宽度、不透明度的图形。

（5）套索选择工具。以自由拖画的方式来选择具有多个图形对象的区域，区域内锚点或路径片段将被选中。

2. 绘画工具

Illustrator 是强大的矢量绘图软件，用于绘图的工具类型较多，归纳如下。

（1）钢笔工具。钢笔工具是 Illustrator 软件中十分重要的工具，可绘制线类和形状。钢笔工具由钢笔、添加锚点、删除锚点和转换点 4 个工具组成。

钢笔工具可作为直接绘图工具使用，在页面上单击并拖动鼠标即可绘制线类或形状。

① 绘直线。选取钢笔工具在页面上单击某一点作为起点，然后单击下一点则自动相连成线，在页面空白处按 Ctrl 键即可结束绘制；画直线时按 Shift 键即可使之成为水平线、垂直线或 45° 斜线。直线路径上的锚点称为直角锚点，编辑它可改变线的长度、方向、角度等。

② 绘曲线。选取钢笔工具在页面上单击某一点作为起点，然后单击下一点并拖动鼠标画出带有双向调控杆的曲线锚点，按此方法画出的线即为曲线。曲线的曲度和形状由曲线锚点决定。

③ 绘形状。选取钢笔工具在页面上画出想要的形状。形状是由多个直角锚点和曲线锚点组成的，形状绘制结束时要闭合该路径，即让起点锚点与终点锚点重合。

④ 添加锚点。在已有的路径线上可增加新的锚点。

⑤ 删除锚点。将光标置于要去除的锚点上，单击鼠标即可将其删除。

⑥ 转换点。此工具可实现直角锚点与曲线锚点的转换。

（2）线形工具组。该组工具主要用于绘制直线、曲线或由这两种线构成的线形组。

① 直线段工具。选择直线段工具在页面上直接拖动鼠标可绘制各类直线，如同时按 Shift 键可画水平线、垂直线及 45° 斜线；单击页面则会出现线段的编辑选项，可绘制精确的线形。

② 弧形工具。在页面上拖动鼠标可画任意弧形，按 Shift 键可画正弧形，按 X 键可画反弧形，按 C 键可闭合或开放弧形，单击页面则可编辑该工具的具体参数。

③ 螺旋线工具。选择该工具在页面上拖动鼠标可画任意螺旋线，按 Ctrl 键可调整螺旋密度，按 R 键可改变螺旋方向，按上下方向键可控制螺旋圈数。选择该工具，单击页面则会出现螺旋线对话框。

④ 矩形网格工具。选择该工具在页面上拖动鼠标可画任意矩形网格图形，按 Shift 键可画正方形矩形网格，按 F 键可控制由下至上水平间距的递增，按 V 键可控制由下至上水平间距的递减，按 X 键可控制由左至右垂直间距的递增，按 C 键可控制由左至右垂直间距的递减，按上下、左右方向键可控制水平、垂直网格的数量。选择该工具，单击页面则会出现编辑面板。

⑤ 网格工具。选择该工具在页面上拖动鼠标可画椭圆形网格图形，按 Shift 键可画正圆形

极坐标网格，按 F 或 V 键可调整射线排列，按 X 或 C 键可调整同心圆排列，按左右方向键可控制射线数量，按上下方向键可控制同心圆数量。选择该工具，单击页面会出现编辑选项。

（3）几何形状工具组。

① 矩形工具。可以画任意矩形和正方形。选择该工具，单击页面会出现编辑选项。

② 圆角矩形工具。可以画任意圆角矩形和正方形圆角矩形。绘制的同时按上下方向键可改变圆角大小，也可通过编辑对话框选项绘制具有具体尺寸和圆角度数的矩形形状。

③ 椭圆工具。可以画椭圆形和正圆形。选择该工具，单击页面会出现编辑选项。

④ 多边形工具。可绘制不同边数的形状图形。按上下方向键可控制边数的数量。

⑤ 星形工具。可绘制不同角数和角度的星形。按 Ctrl 键可控制星形的角度，按上下方向键可控制角数的数量。

⑥ 光晕工具。光晕是一个效果渲染工具，可以创建由射线、光晕、闪光中心和环形等组件组成的光晕图形。其中还包括中央手柄和末端手柄，手柄可定位光晕和光环，中央手柄是光晕的明亮中心，光晕路径从该点开始。

（4）画笔类工具。

① 画笔工具。画笔工具可绘制出样式精美的线条和图形，还可调节笔头。选择画笔工具，执行"窗口—画笔"操作或按 F5 键，弹出画笔面板。任选一种画笔，单击页面并按住鼠标左键不放，向右拖动鼠标，松开完成绘制。画笔工具为矢量图的绘制带来不同的笔触效果，让图案的表现技法更加丰富。相关作品见图 2.8。

A. 画笔控制面板。

（A）画笔类型。散点、书法、图案、艺术。

（B）为画笔面板添加画笔。通过自主设计绘制的方式创造出一个新的画笔形态，然后将其直接拖动至画笔面板中，单击面板下方的新建按钮即可为画笔面板增添新的画笔笔刷。另外，也可将选定的位图设置并添加为画笔。

图 2.8　相关作品｜李锦

（C）更改画笔。用选择工具对某种画笔进行路径、颜色等方面的修改，然后将修改好的画笔添加到画笔面板中。

（D）面板按钮。从左到右依次为画笔路径还原为线、编辑所选画笔、新建画笔、删除画笔。

（E）下拉菜单。类似于面板按钮，列表视图是另一种画笔面板显示方法。

B.编辑画笔。选择画笔，出现对话框，设置可改变画笔的外观、大小、颜色、角度、箭头方向。

C.自定义画笔。在页面中绘制出图形，单击画笔面板下方新建按钮，选择好类型单击确定。注意，自主设计的画笔中不能包含渐变填充属性。

D.使用画笔库。在【窗口】中的【画笔库】内可浏览并选择不同类型的画笔。

② 斑点画笔。斑点画笔是 Illustrator 中比较特殊的画笔，它绘制的路径只有填充效果，而无描边效果，并可以与有相同填充效果但无描边效果的图稿进行合并。它有两个特点：一是能够合并路径的重叠部分；二是能够合并其他绘画工具绘制的图形。

③ 铅笔工具。不能使用画笔面板，可在描边面板中调整粗细。绘图时，双击铅笔工具会弹出对话框，可通过设置保真度、范围等选项来调整铅笔绘画的曲度和精准度。

（5）修改类工具。

① 平滑工具。可使尖锐的曲线变得光滑。

② 路径橡皮擦工具。可擦除全部或部分路径，不能应用于文本和渐变网格。

③ 橡皮工具。可擦除部分或全部对象，橡皮擦的大小和形态决定了擦除的面积大小和形状。

④ 剪刀工具。可剪断路径，并使闭合路径成为开放路径。

⑤ 刻刀工具。可切开路径或形状，常用于整体图形的区域分割。相关作品见图2.9。

图2.9　相关作品｜张雯

（6）填色工具。

① 工具栏中的填充和描边。可与色板面板、颜色面板同时使用，调整填充色时将填充图标置于上方，改变描边色时则将描边图标置于上方，然后在颜色面板或色板面板中选取想要的色彩。

在填充色和描边色图标的下方有3个小图标，分别代表单色填充（描边）、渐变填充（描边）和去掉填充色（描边）。

② 渐变工具。可在对象中填入渐变色或描边为渐变色。通过渐变编辑面板进行色彩调整。相关作品见图2.10。

图2.10　相关作品｜李依阳

③ 渐变网格工具。渐变网格工具是由网格点、网格线和网格片面构成的多色填充工具，各种颜色之间能够平滑地过渡。使用此工具可以绘制出具有照片级写实效果的作品。相关作品见图2.11、图2.12。

图2.11　相关作品｜蒋志秀

图2.12　相关作品｜常雨欣

　　创建渐变网格可以使用工具单击对象直接生成，也可以执行【对象】中的创建渐变网格命令，在打开的"创建渐变网格"对话框中设置参数。

　　A. 行数/列数。用来设置水平和垂直网格线的数量，范围为1～50。

　　B. 外观。用来设置高光的位置和创建方式。选择"平淡色"，可在对象上创建编辑颜色的网格点，需要后期着色；选择"至中心"可在对象中心创建高光；选择"至边缘"可在对象边缘创建高光。

　　3. 变形及调整工具

　　（1）比例变换工具。

　　① 比例缩放工具。使用该工具单击要选择的对象并拖动鼠标即可改变其大小，如要保持对象的比例关系则需要同时按Shift键。同样，双击该工具则可通过出现的对话框进行精确的比例缩放。

　　② 倾斜工具。使用该工具单击对象，向左或向右拖动鼠标（按Shift键可保持其原始高度）可沿水平轴倾斜对象；向上或向下拖动鼠标（按Shift键可保持其原始宽度）可沿垂直轴倾斜对象。

　　③ 整形工具。类似于锚点调整工具，使用这个工具可对对象的曲度进行修改或添加，也可复制锚点。

　　④ 自由变换工具。自由变换工具可灵活地对所选对象进行变换操作。在移动、旋转和缩放时，与通过定界框操作完全相同。该工具的特别之处是可以进行斜切、扭曲和透视变换。

　　（2）角度变换工具。

　　① 旋转工具。选择对象后，使用该工具在窗口处单击并拖动鼠标即可旋转对象，如果要精确定义旋转角度，可双击该工具，打开"旋转"对话框进行设置，同时可进行复制操作。

② 镜像工具。选择对象后，使用镜像工具在窗口处单击，确定镜像上的第一个点（不可见），在另一处单击，确定镜像轴的第二个点，此时所选对象便会基于定义的轴进行翻转；按 Alt 键操作可复制对象，制作出相对对象。要准确定义镜像轴或旋转角度，可双击该工具，打开"镜像"对话框设置参数。

4. 其他工具

（1）吸管工具。吸管工具可吸取选中对象的填充、描边或效果属性。

（2）混合工具。与菜单【对象】中的混合命令具有相同的功能，且编辑选项主要集中在菜单【对象】混合中。

（3）符号喷枪工具。符号工具可以将单一元素符号复制成多个个体实例来达到图形群体化的效果。而且，可以通过符号喷枪工具组内的符号位移器、符号紧缩器、符号缩放器、符号旋转器、符号着色器、符号滤色器、符号样式器来进行更改和编辑，从而使单一个体发生丰富的变化。相关操作见图 2.13。

（4）画板工具。可对当前页面上的面板进行尺寸的调整，也可任意添加或删除画板。

图 2.13　相关操作

四、常用浮动面板

1. 路径查找器

在 Illustrator 中，很多看似复杂的图形往往都是由多个简单的形状通过不同方式，如联集、相交、相减、分割、裁剪等重新组合而成的。路径查找器面板便是创作这些复杂图形的工具。

此面板创建的图形类型有两种：一是复合图形，其路径为闭合路径，具有独立性和完整性。通过形状模式图标组内的 4 个图标按钮可创作出复合形状。复合形状色彩单一，并可通过释放复合形状将图形重新分离出来，前提条件是没有扩展为复合形状。二是编组图形，这类图形由若干独立图形组合而成，每个图形的路径都是独立完整的且可拥有不同的颜色。路径查找器的 6 个图标按钮编辑产生的就是编组图形。

（1）形状模式。

① 联集。将选中的多个图形合并为一个图形。合并后，轮廓线及其重叠部分会融合在一起，生成的新对象的颜色将变成最上面图形的颜色。

② 减去顶层。用最后面的图形减去它前面的所有图形，可保留后面图形的填充和描边。

③ 交集。只保留图形的重叠部分，删除其他部分，重叠部分显示为最前面图形的填充和描边。

④ 差集。图形的重叠部分会被挖空，非重叠部分被保留下来，最终的图形显示为最前面图形的填充和描边。

（2）路径查找器。

① 分割。对图形的重叠区域进行分割，使之成为单独的图形，分割后的图形可保留原图形的填充和描边，并自动编组。

② 修边。将后面图形与前面图形的重叠部分删除，保留对象的填充色，无描边。

③ 合并。不同颜色的图形合并后，最前面的图形保持形状不变，与后面图形重叠的部分将被删除。

④ 裁剪。只保留图形的重叠部分，最终的图形无描边并显示为最后面图形的颜色。

⑤ 轮廓。只保留图形的轮廓，轮廓的颜色为它自身的填充色。

⑥ 减去后方对象。用最前面的图形减去它后面的所有图形，保留最前面图形的非重叠部分及描边和填充色。

2. 对齐与分布面板

可对齐多个对象，并能使之按照一定的规则分布，还可使用"分布间距"使对象按照均等间距分布或按照设定的数值均匀分布。

3. 颜色面板

在颜色面板中，单击填色或描边图标，将其设置为当前编辑状态，拖动滑块即可调整颜色，也可通过在文本框中直接输入颜色数值并按 Enter 键来精确定义颜色。拖动面板底部可将面板拉长，在色谱上单击可以拾取颜色。

4. 色板面板

色板面板中包含 Illustrator 预置的颜色、渐变和图案。选择对象后，单击一个色板即可将其应用到对象的填充或描边中。另外，也可将自己调出的颜色、渐变或图案保存到该面板中。

此外，Illustrator 中还提供了大量的色板库、渐变库和图案库。单击面板底部的按钮，打开下拉菜单便可找到它们。

5. 描边面板

对图形应用描边后，可在"描边"面板中设置描边的宽度、端点类型、斜角样式等属性。

① 粗细。设置描边线条的宽度，数值越大描边越粗。

② 端点。可设置开放路径两个端点的形状。

③ 边角。用来设置直线路径中边角处的连接方式，包括斜接连接、圆角连接、斜角连接。

④ 限制。用来设置斜角的大小，范围为 1～500。

⑤ 对齐。如果对象是封闭的路径，可单击对应的按钮设置描边与路径的对齐方式。

⑥ 虚线。勾选"虚线"选项，然后在"虚线"文本框中设置虚线线段的间距，即可用虚线描边路径。

⑦ 箭头。单击"箭头"选项可以为路径的起点和终点添加箭头。

6. 图层面板

图层用来管理组成图稿的所有对象，它就像一个结构清晰的文件夹，可将图形置于不同的夹层，以便于选择和查找。绘制复杂图形时，灵活地使用图层能够有效地管理对象。

Illustrator 的图层与 Photoshop 中的图层类似，可新建，可删除，单击眼睛图标可隐藏或显示该图层，也可调换堆叠顺序，并能快速选中该图层中所有的对象。

7. 不透明度面板

不透明度面板包含 3 个功能：一是调整对象的不透明程度；二是调整对象的色彩混合模式；三是创建不透明度蒙版。

① 不透明度。先选择对象，然后调整面板中的不透明数值，范围为 0～100。

② 混合模式。与 Photoshop 中图层上的混合模式相同，可调整多个对象之间的色彩混合效果。

③不透明度蒙版。不透明度蒙版可实现对象由实到虚的渐变，还可显露或遮盖图像的特定部分。

8. 外观面板

Illustrator的外观面板在功能上接近Photoshop的图层面板，它直观地显示了当前对象的基本属性，如填色、描边、效果等。通过外观面板，可对对象的所有属性进行编辑调整，如添加或删除描边、填充、滤镜、效果等。

提示：通过工具和命令的讲解和练习，体会该软件的操作特点。掌握重要的常用工具和浮动面板的操作方法，并进行大量的课外练习以达到熟练操作的目的。

第三节　方巾图案设计概述

方巾能够彰显女性的优雅魅力，是提升时尚品位的常见服饰。方巾的应用范围非常广泛，包括领巾、围巾、披肩、腰带、头巾、发带，以及表带和箱包上的饰物等，它也可作为一种单纯的艺术品用来欣赏。无论应用于哪个方面，方巾图案设计都是至关重要的。相关作品见图2.14。

图2.14　相关作品｜吴迪

一、方巾图案设计的题材

方巾图案设计的题材包罗万象，内容丰富，花卉、风景、动物、人物、几何图案和传统纹样等都可以成为创作题材。图案因时代、民族、地域及文化等的影响而具有不同的艺术特色。例如，中国传统图案散发着儒雅、大气、浓厚的东方大国气息；而印度图案富丽华美。

党的二十大报告中指出："全面建设社会主义现代化国家，必须坚持中国特色社会主义文化发展道路，增强文化自信，围绕举旗帜、聚民心、育新人、兴文化、展形象建设社会主义文化强国，发展面向现代化、面向世界、面向未来的，民族的科学的大众的社会主义文化，激发全民族文化创新创造活力，增强实现中华民族伟大复兴的精神力量。"随着中华文化与世界文化的交流与融合，方巾图案设计需要不断创新才能适应新的发展需要，设计师应根据设计目的和风格，选择相应的题材进行创作，让方巾图案设计更具时代气息、文化内涵与艺术价值。

学生可根据设计目的和风格，选择相应的题材进行创作，让方巾图案设计更具文化内涵和艺术价值。

二、方巾图案设计的构图

"构图"一词源自拉丁语，意为结构、组成和联结。好的构图不仅能够展现出令人惊异的艺术视觉美感，而且能准确地表达出设计者的创作意图和审美思想。方巾图案设计的构图虽有固定的架构，但设计时仍应结合其应用特点，进行大胆的创新。常见的构图形式可大致归纳为两大类：传统对称式和现代自由式。

1. 传统对称式

传统对称式构图是方巾图案设计中较为传统和经典的构图形式，这种构图形式能使画面产生均衡感，显得庄重大方。传统对称式分为绝对对称和相对对称，而放射式对称、旋转式对称也可以视为一种特别的传统对称式。

（1）绝对对称。绝对对称是指图案以中心轴或者中心点为基准，在对称轴的两侧或者中心点的周围配置形状、色彩、样式完全相同的等形等量图案的构图形式。这种对称形式使画面布局平衡，结构规矩，呈现出稳定、庄重、肃穆的视觉特点。不过，绝对对称式构图在应用时不可以机械地单纯对等，必须在对等之中有所变化，或者蕴含趣味性、装饰性，否则就会显得平淡乏味，因此可在局部做些许调整，如图案的细节、位置等。相关作品见图2.15。

（2）相对对称。相对对称是指图案的整体以中心轴或者中心点为基准，形成对称的状态，但是局部图案在形或者量上有些许差异的图案组织构图形式。这种规律中蕴含变化、变化中可循规律的构成形式给原本工整沉稳的对称图案增添了一丝灵动的不确定性，更彰显了相对对称整中求变、变中求同、平中求奇、奇中有律的特性。相关作品见图2.16。

图 2.15　相关作品｜耿祎璠

图 2.16　相关作品｜魏含珊

（3）放射式对称。放射式对称是指多个单体图案围绕一个中心，动势均匀地向四周扩散，或者由四周向中心汇聚的构图形式。这种构图律动感强，画面充满活力。放射式对称构图由于图案排列动势的不同，大致可分为向心式、离心式和同心式3种。相关作品见图2.17。

图2.17　相关作品｜徐景怡

（4）旋转式对称。旋转式对称是指若干相同或者相似的单元图形，以中心点为轴心旋转，按一个方向重复排列的构图形式。旋转式对称可以说是颠倒对称的一种增幅延续，单元图形之间首尾相连、循环有序，形式生动又充满节奏韵律。相对于其他对称图案，旋转式对称是一种变化丰富、极富活力的对称形式，拥有更强的视觉冲击力。相关作品见图2.18、图2.19。

图2.18　相关作品｜谢昆宏

图2.19　相关作品｜蒋志秀

2. 现代自由式

现代自由式是一种极具现代感的方巾图案构图形式。图形元素的布局不受格式或骨架的限制，画面生动、活泼、富于变化。现代自由式构图虽然没有固定的格式，但设计时要注意点位的设置及图形之间的关系，协调不同图案元素的大小、疏密、动静、曲直等。相关作品见图2.20、图2.21。

图2.20　相关作品｜吴佳洋

图2.21　相关作品｜王子天

三、方巾图案设计的色彩

色彩在艺术设计中的重要性是不言而喻的。它是设计中最醒目的视觉元素，在画面中演奏着动人的乐章，且极具个性情感和思想内涵，使观众感到愉悦。合理的色彩组合能够令设计最大程度地展现艺术的魅力，因此方巾设计的配色在遵循色彩规律的基础之上，还要对色彩进行概括和提炼，结合设计主题、流行趋势及应用目的，融入设计者的主观意识，从而使配色更加具有装饰美和艺术品位。

方巾图案配色主要有以下两种类型。

1. 协调配色

协调配色是常用的配色方式，多使用同类色或邻近色，画面色调统一，给人安静平和之感。

同类色是24色色相环中相距15°或45°以内的颜色，其色相性质相同，但色度有深浅之分；邻近色是色相环中相距90°以内的颜色，虽然它们在色相上有些差别，但在视觉上却比较接近，如黄色和绿色，蓝色和紫色等。相关作品见图2.22。

2. 对比配色

对比配色是最具视觉冲击力的配色方式，色相反差极大，画面色调明快、节奏感强，充满生机和活力。由于画面主要由对比明显的颜色构成，因此要格外注意各个颜色之间的关系，如色相、深浅、明暗、面积等；否则极易产生割裂、破碎之感。相关作品见图 2.23。

图 2.22　相关作品｜石玉

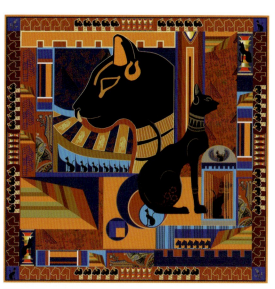

图 2.23　相关作品｜吕行佳

提示：通过市场调研和参考资料的学习，深入探讨方巾图案设计的特点，如图案、构图及色彩，并根据设计主题和流行趋势绘出两种构图形式的方巾图案设计草图。

第四节　Illustrator 方巾图案绘制

一、元素图绘制

1. 新建文档

在新建文档面板中设置画板数量为 5，间距为 5mm 或大于 5mm；面板方向可按行或列排列；大小选项为自定，将单位选项调整为厘米，在宽度和高度选项中输入数字 10；出血选项为 0，颜色模式可选 RGB 或 CMYK，栅格效果为高（300ppi）。相关操作见图 2.24、图 2.25。

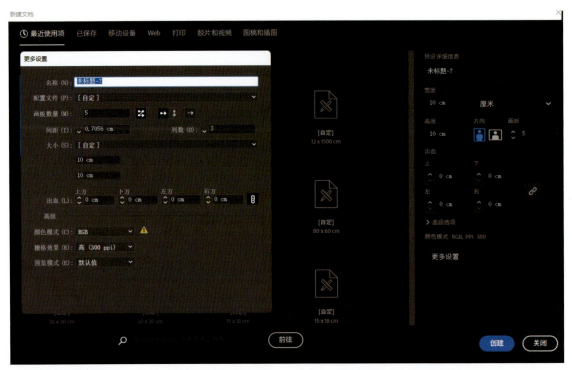

图 2.24　相关操作

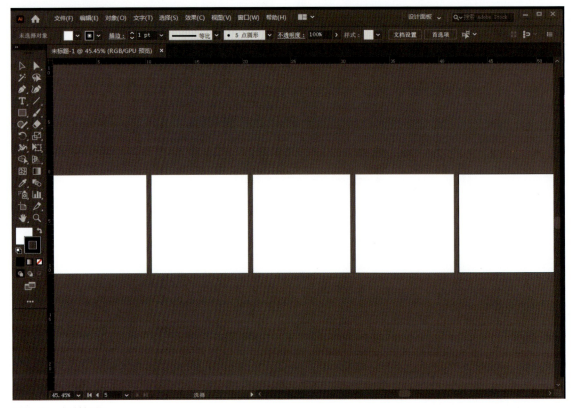

图 2.25　相关操作

2. 绘制元素小图

（1）新建颜色组。首先在色板面板中新建颜色组，可按设计重新命名或用默认名称，然后将事先设计好的颜色编入组中。颜色组相当于手绘时用到的调好的颜色，绘制图案时使用更加便利，所用颜色也会比较准确且容易控制画面的主色调。相关操作见图 2.26。

图 2.26　相关操作

（2）绘制元素线稿图。绘制元素线稿图主要使用的工具有选择工具、钢笔工具、线形工具、几何形状工具、铅笔或画笔工具、镜像工具及路径查找器面板。

在 Illustrator 中，即使没有数位板的帮助，也可用铅笔或画笔轻松地塑造图形轮廓，并且在铅笔或画笔编辑面板的帮助下，所绘线条会更加流畅平滑且易于修改。

另外，如果想按照纸面草稿进行绘制，可将草图文件置入面板，将图像的不透明度调低，并执行锁定（Ctrl+2 组合键）命令，这样就可以自如地用软件中的工具进行线稿的绘制了。绘制结束后，选中草图图像执行解除锁定（Ctrl+Alt+2 组合键）命令，然后将其删除即可。

（3）填色。如果不想使用特殊画笔或渐变网格工具，可以选择实时上色工具进行填色。选择提前存储的颜色组，使用实时上色工具在相应的区域进行填充，填充项目可以是单色、渐变或图案。实时上色不仅简单快捷，而且便于修改，能够高效完成图形的填色任务。相关操作见图2.27。

注意：每完成一个图形的绘制，一定要执行"编组"命令，将其合并为一个整体，以免进行移动或复制时遗漏局部图形。

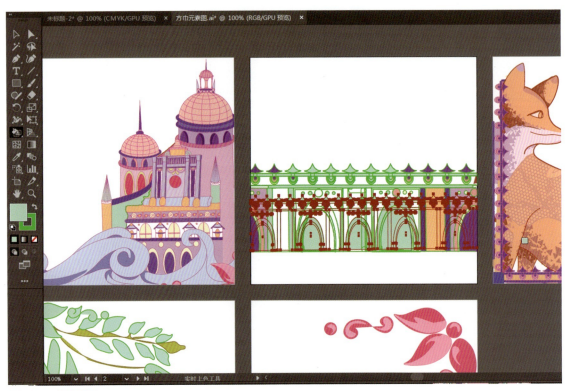

图2.27　相关操作

二、方巾图案绘制

1. 传统对称式构图的方巾图案绘制

绘制传统对称式构图的方巾图案要注意软件操作的严谨性和规范性，以确保方巾中各个元素的精准位置及对称关系。

（1）新建文档。在新建文档面板中设置画板数量为1；大小选项为自定，将单位选项调整为厘米，在宽度和高度选项中输入数字20；出血选项为0，颜色模式可选RGB或CMYK，栅格效果为高（300ppi）。

（2）设立参考线。画板中的参考线不仅为绘画的规范性和准确性提供了帮助，而且可以根据实际需要显示或隐藏。

Illustrator中有3种参考线：第一种是水平、垂直参考线，这种参考线特别常用，大多数设计中都会用到；第二种是网格参考线，由大小不同的格子构成，格子可根据实际需要进行不同的划分，如网格线间隔和次分隔线都可单独编辑，这样格子就会产生大小、密度的变化；第三种参考线比较特殊，是由绘图工具如钢笔工具、弧线工具或圆形工具等画出来然后转变为参考线的，这种参考线可以是斜线、曲线或螺旋线等，可为对称式构图提供严谨的参考依据和绘制依据。

无论是哪种对称式构图，其面板首先要在水平及垂直的居中位置设置两条参考线，并将其锁定；然后，将方巾图案的外边框用参考线标示出来，参考线的数量、宽度和位置可根据边框的设计设置。如果方巾图案的结构比较复杂，还要使用相应的几何工具绘制出形状并将其转变为参考线固定在面板上，这样才能进行精确的绘制。相关操作见图2.28。

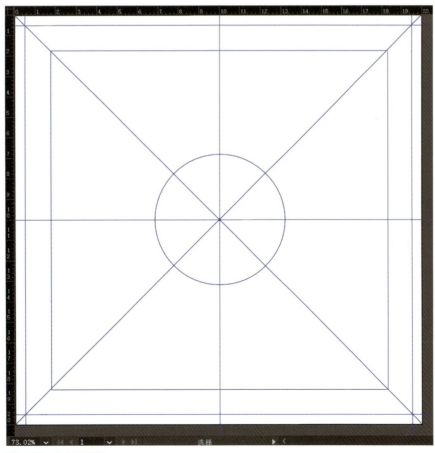

图2.28　相关操作

（3）打开文件。打开事先画好的元素图文件，单击选择工具，选中要使用的图像然后将其复制粘贴到新建的文档中去。相关操作见图2.29～图2.31。

图2.29　相关操作

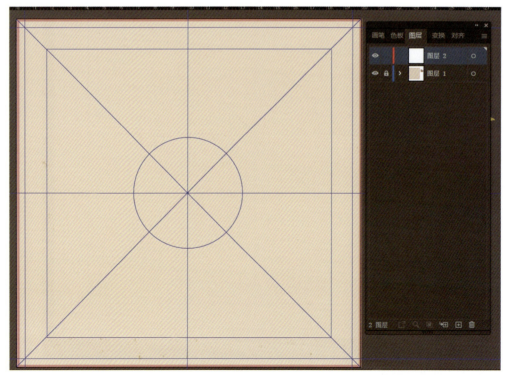

图2.30　相关操作

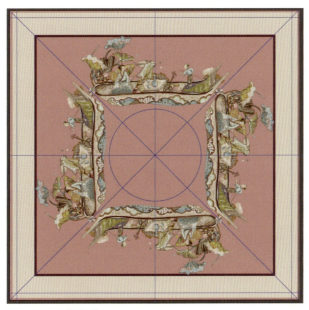

图2.31 相关操作

（4）存储文件。要及时保存已建立的文件，将名字修改为"××方巾图案设计"。

（5）调整元素图。按照构图形式及主次关系，将元素图依次拷贝至新建的方巾图案画板中。由于方巾图案属于比较复杂的设计，所用元素图和操作步骤都很多，因此可利用图层面板，先将这些元素放置到不同的图层之中，如将背景色、外边框放置到最下面的图层，然后根据主次和叠压关系依次新建图层并放置不同的图形，这样在进行修改和编辑时更加方便、有效。

对图形进行调整时要用到很多工具和命令，如选择工具、比例缩放工具、镜像工具、旋转复制等，它们可以针对对象进行相应的调整，如大小、位置、疏密、方向、角度等的调整，使对象更加适应空间区域且符合构图要求。

（6）完善设计。为了取得理想的画面效果，还要进行多项调整来完善画面的各个部分。例如，为了丰富主题和画面层次，可以另外添加一些相关元素，这样做不仅可以起到协调统一画面的作用，而且可以弥补构图的不足。相关作品见图2.32。

（7）再次存储文件。将完成后的方巾图案保存为"××方巾图案设计.ai"，并导出为JPG格式。

2.现代自由式构图的方巾图案绘制

由于现代自由式构图的方巾图案没有具体的骨格限制，不需要建立太多的参考线，所以它的绘制过程相对比较简单。

（1）新建文档。在新建面板中设置画板数量为1，大小选项为自定，将单位选项调整为厘米，在宽度和高度选项中输入数字20，出血选项为0，颜色模式可选RGB或CMYK，栅格效果为高（300ppi）。

图 2.32　相关作品｜徐萌

（2）设立参考线。由于现代自由式构图的方巾图案没有规矩的骨格约束，因此可以只设置外边框的参考线。大多数方巾图案的外边框宽度是一致的，但有时也可将其设计成不完全均等的宽度，如果水平（上边和下边）和垂直（左边和右边）的边框宽度不同，而上下边框、左右边框宽度一致，那么这时参考线的设置就要相应地发生变化了。

（3）打开文件。打开事先画好的元素图，选择要使用的图像然后将其复制粘贴到新建的文档中去。

（4）存储文件。要及时保存已建立的文件，将名字修改为"××方巾图案设计"。

（5）调整元素图。按照设计意图和构图形式，将元素图依次复制到画板中，并用相关工具和命令进行调整，调整方法可参考传统对称式构图的方巾图案设计。虽然没有框架结构的限制，但是现代自由式构图方巾更需要关注整体画面的视觉平衡感和协调性。因此，对于每个元素之间的关系，如主次、大小、疏密、方向、节奏等，都要谨慎对待。

（6）完善设计。为了达到最佳的设计效果，设计师有时需要对某些图形或空间进行适当的取舍。

（7）再次存储文件。将完成后的方巾图案保存为"××方巾图案设计.ai"，并导出为JPG格式。

与传统对称式构图方巾图案不同，现代自由式构图方巾图案可以是不完整的。因此设计师可以根据实际情况进行裁剪，剪切蒙版就是最合适的命令。此外，为了完善图案，还

图 2.33　相关作品｜焦丹宁

可适当加入其他相关元素，如与内容主题有关的图形或某些空间区域内的肌理填充等。相关作品见图 2.33。

提示： 在绘制方巾时，要巧妙地利用图层面板的锁定功能，保护面板内的图案。因此，可以把不想调整的图层暂时锁定，留下要编辑的图层，这样修改和调整图案时会更加准确和高效。

思考与实践

在掌握软件操作方法的基础上，利用相关工具、命令、控制面板及浮动面板完成方巾图案的整体设计。

作业

1. 绘制方巾元素图 5 幅，尺寸为 10cm×10cm。

2. 进行 1 次方巾图案设计，要求使用传统对称式构图或现代自由式构图，尺寸为 20cm×20cm。方巾设计要有明确的主题，要求图案新颖、配色合理、形式感强、风格突出，并具有一定的实用性。

第三章
计算机模拟贴图

【学习目标】

知识目标	技能目标
掌握白色背景图案模拟贴图方法	掌握贴图素材的选择方法、贴图小技巧，通过练习记住贴图过程及使用的图层混合模式
掌握有色背景图案模拟贴图方法	掌握贴图素材的选择、贴图小技巧，通过练习记住使用的图层混合模式，并与白色背景图案模拟贴图做严格的区分
掌握服装模拟贴图方法	贴图时理解服装的款式结构，设计图案时根据服装款式做相应的改变
掌握方巾模拟贴图方法	贴图时注意不同系法或展示方法的影响，充分利用旋转和变形命令来达到"以假乱真"的效果

第一节　家用纺织品计算机模拟贴图

党的二十大报告提出："深入实施人才强国战略。"利用计算机软件完成家用纺织品图案设计及接版是当代设计师必须掌握的技能，除此之外还要学会计算机模拟贴图，熟练掌握多种设计技能的设计师才是当代和未来社会所需要的复合型人才。

家用纺织品模拟贴图是设计方案形成产品后的计算机虚拟效果呈现。通过计算机软件的处理，可以直观看到设计转化为实际产品的使用形态，其效果逼真、写实，是对设计的一种拓展和检验，同时也有利于产品的开发和推广。

基于软件的功能，家用纺织品贴图分为两种形式：一种为白色背景图案模拟贴图；另一种为有色背景图案模拟贴图，尤其是中等明度的色彩。

一、床品模拟贴图

1. 白色背景图案模拟贴图方法

（1）打开选择好的贴图素材图片，用【钢笔】工具对被子、靠垫、窗帘等分别进行描绘并保存为不同的路径。相关操作见图 3.1、图 3.2。

图 3.1　相关操作

图 3.2　相关操作

（2）打开要使用的图案图片，用【矩形选框工具】选择其中的一部分，然后将其复制到已选好的素材图片中。相关操作见图 3.3～图 3.5。

图 3.3　相关操作

图 3.4　相关操作

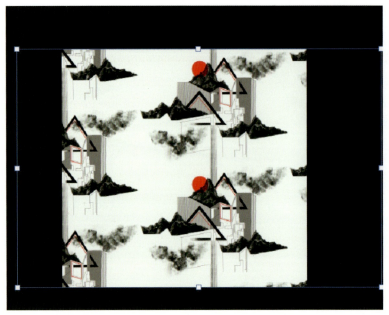

图 3.5 相关操作

（3）将移动过来的图片大小调整（Ctrl+T 组合键）至合适，然后将路径转换为选区，并将选区反向选择，在相应的图层中删除（Delete 键）多余的图像。相关操作见图 3.6。

图 3.6 相关操作

（4）将图案图层的图层选项更改为【正片叠底】。相关操作见图 3.7、图 3.8。

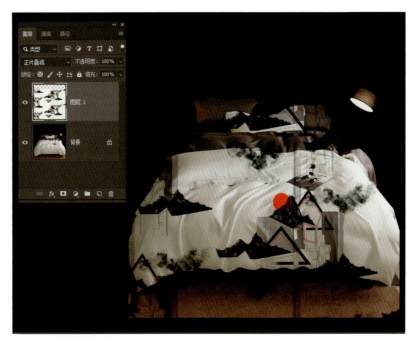

图 3.7　相关操作

图 3.8　相关操作

（5）重复以上步骤，完成其他部分的贴图。相关操作见图3.9。

图3.9　相关操作

2. 有色背景图案模拟贴图方法

（1）打开选择好的贴图素材图片，用【钢笔】工具对被子、靠垫、窗帘等分别进行描绘并保存为不同的路径。相关操作见图3.10。

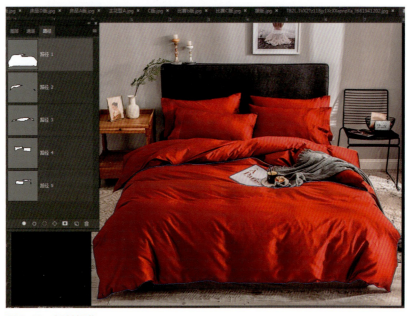

图3.10　相关操作

（2）打开要使用的图案图片，用【矩形选框工具】选择其中的一部分，然后将其复制移动到刚才的素材图片中。相关操作见图 3.11～图 3.13。

图 3.11　相关操作

图 3.12　相关操作

图 3.13　相关操作

（3）将移动过来的图片大小调整（Ctrl+T 组合键）至合适，然后将路径转换为选区，并将选区反向选择，在相应的图层中删除（Delete 键）多余的图像。相关操作见图 3.14。

（4）将床品的选区做出来，到素材图层中复制相应的图像至新的图层，并将此图像去色（Ctrl+Shift+U 组合键）。相关操作见图 3.15。

图 3.14　相关操作

图 3.15　相关操作

（5）将图案图层的混合选项由【正常】更改为【叠加】。相关操作见图 3.16。

（6）重复以上步骤，完成靠垫、窗帘等其他部分的贴图。相关操作见图 3.17。

（7）如果贴图的颜色与原图像出入较大，可调整去色图层的色彩对比（Ctrl+M 组合键），从而达到最佳的设计效果。

图 3.16　相关操作

图 3.17　相关操作

提示：选择素材图片时要根据床品图案的色调和风格进行筛选，这样贴出的效果才会更加理想，如果床品图案的主色调是红色，具有中国古典风格，那么所选用的床品素材图也应是中式的红色调图片，这样贴图才更便利，最终所呈现的效果也更和谐、逼真。另外，素材图片的大小也要合适，网上下载的图片的尺寸大多无法满足实际需要，因此在下载时要关注图像的尺寸，一般来说不能小于800KB。

二、服装模拟贴图

服装贴图的方法基本与床品贴图一致，只是在贴服装时要注意各个部分的关系和衔接方式，严格按照服装的裁剪方式来放置设计图案，以保证最终的贴图效果。

（1）打开选择好的贴图素材图片，用【钢笔】工具对服装进行描绘并保存为不同的路径。相关操作见图3.18、图3.19。

图3.18　相关操作

图3.19　相关操作

（2）打开要使用的图案图片，用【矩形选框工具】选择其中的一部分，然后将其复制移动到刚才的素材图片中。相关操作见图 3.20、图 3.21。

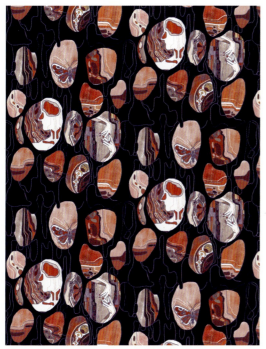

图 3.20　相关操作

图 3.21　相关操作

（3）将移动过来的图片大小调整（Ctrl+T 组合键）至合适，然后单击右键选择变形功能调整皱褶处及弯曲处的图案，调整合适后单击确定。接下来切换至路径面板，将事先画好的路径按顺序转变为选区，再切换至图层面板，执行选区反向命令，单击 Delete 键删除选区以外的图案，此时画面中只剩服装区域的图案。相关操作见图 3.22。

图 3.22　相关操作

（4）有时为了贴图效果更逼真，还可使用【液化】滤镜处理图案。具体做法是：打开【滤镜】中的【液化】，选择工具对图形褶皱及折叠部分进行细微调整。主要使用的工具是【向前变形工具】和【褶皱工具】，但调整时切不可过度，以免图案变虚影响贴图效果。相关操作见图3.23。

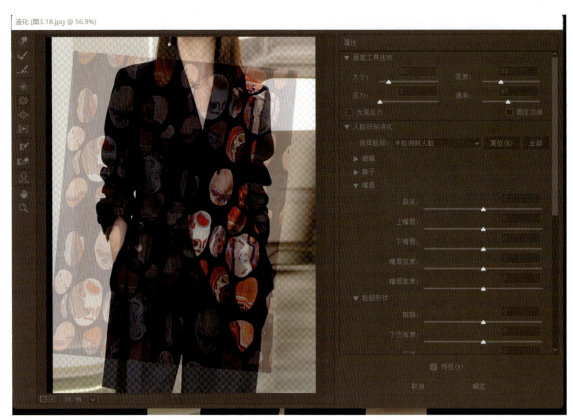

图3.23　相关操作

（5）再次切换至路径面板并转换路径为选区，切换至图层面板并将工作区转到素材背景图层，执行复制粘贴命令将此部分衣服单独复制为新的图层，然后执行去色命令消除原有颜色。接下来，根据图案的底色将图案设计图层的混合选项变为【正片叠底】或【叠加】，这个操作可使贴图效果更加逼真。当然，如果叠加后的贴图颜色不够理想，可在去色的服装图层中使用曲线命令调整其对比度，这时的贴图效果就趋于完美了。相关操作见图3.24、图3.25。

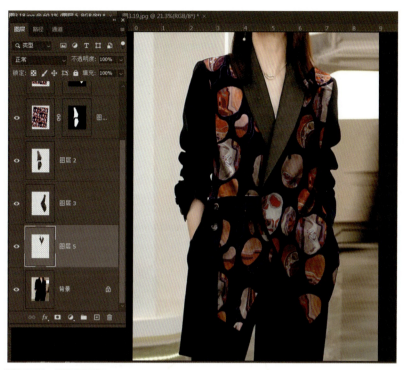

图 3.24 相关操作

图 3.25 相关操作

第二节 方巾计算机模拟贴图

方巾计算机模拟贴图共有两种方法：其中一种与上述床品贴图方法一致，在此不重复说明，但此种贴图方法所需方巾素材必须是素色无图案的；另一种是"绘制式"贴图方法，所需方巾素材不受限制，可以是单色的，也可以是有图案的，具体贴图方法如下。

（1）打开选择好的贴图素材图片，用【钢笔】工具对素材方巾的不同部位分别进行描绘并保存为不同的路径。相关操作见图3.26。

图3.26 相关操作

（2）打开要使用的方巾图片，用【矩形选框工具】选择其中的一部分，然后将其复制移动到刚才的素材图片中，并将该图层的不透明度调低以便观察设计图案与底层素材方巾的对应关系，尤其要注意边角的对齐，以及每个部分图案的比例关系。相关操作见图3.27。

（3）将移动过来的图片大小调整（Ctrl+T组合键）至合适的尺寸，并调整该图层的不透明度，然后打开【滤镜】中的【液化】，对图形进行变形调整。相关操作见图3.28。

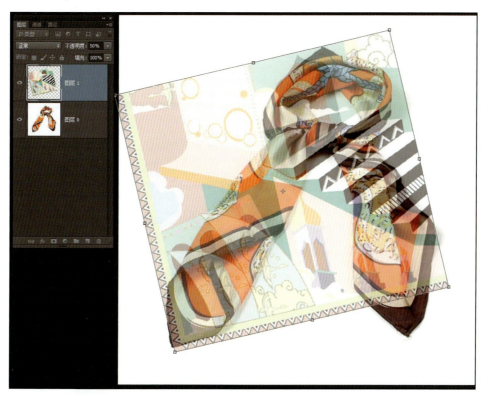

图 3.27 相关操作

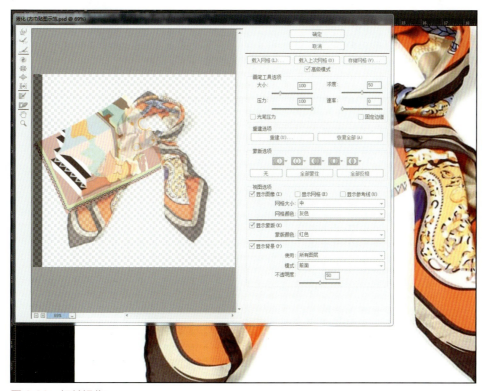

图 3.28 相关操作

（4）打开相应的路径并建立选区，然后执行选区的反向选择，删除多余的图案，恢复该图层的不透明度为100%。相关操作见图3.29。

图3.29　相关操作

（5）根据素材图片，使用加深、减淡工具或画笔工具"画"出方巾的明暗和转折关系，从而达到"以假乱真"的效果。应用加深或减淡工具时需注意画笔的"曝光度"，将其调整到50%以下为宜，这样可避免颜色过深或过浅。相关操作见图3.30。

图 3.30　相关操作

思考与实践

通过贴图练习,深入体会图层混合模式中的"正片叠底"和"叠加"的特殊作用,并在多次训练中培养自身的搭配和审美能力。

作业

1. 完成方巾贴图 1 幅。
2. 完成床品贴图若干,包括靠垫、沙发、窗帘等的贴图。

附录
作品赏析

APPENDIX

一、方巾设计部分

附图1 作品赏析｜白佳月

附图2 作品赏析｜郭桐菲

附图 3　作品赏析｜陈红

附图 4　作品赏析｜崔智艳

附图5　作品赏析｜李昊轩

附图6　作品赏析｜张储君

附图 7　作品赏析｜刘思瑶

附图 8　作品赏析｜赵金格格

附图 9　作品赏析｜马恭信

附图 10　作品赏析｜成欣阳

附图 11　作品赏析 | 颜奕

附图 12　作品赏析 | 黄安琦

附图13　作品赏析｜南江

附图14　作品赏析｜陈健宁

附图15 作品赏析 | 李露露

附图16 作品赏析 | 王芊荃

附图 17　作品赏析｜王家吉

附图 18　作品赏析｜贾汝乙

附图19 作品赏析 | 曹子昱

附图20 作品赏析 | 梁世瑶

附图 21　作品赏析｜骆宇鹤

附图 22　作品赏析｜苏林子

附图 23　作品赏析｜文秀玉

附图 24　作品赏析｜纪明妍

附图25　作品赏析｜王宏颖

附图26　作品赏析｜刘演

附录　作品赏析 | 97

附图 27　作品赏析 | 张月

附图 28　作品赏析 | 徐绍杉

"松下问童子,言师采药去。
只在此山中,云深不知处。"
本次设计以"途"为题材,
以唐诗《寻隐者不遇》为切入点。
画面中,船棹、荷为中国传统元素,
而墙、莫里斯卷曲纹等,为外来元素,
若称世界为圆,那么人何尝不是一个点,
文化与人的关系也更加复杂,
选择与取舍或已成为必经之道。
我们正是诗词中的贾岛,寻访不遇,
也是未见其面的隐士,云深不知处。
"问道"不如说"寻道"。

设计说明

云深不知处

附图29 作品赏析｜徐萌

《梦·旅》

· 设计说明
2020年,由于新冠肺炎疫情的影响,整个世界的节奏都变慢了许多。宅在家里的人们也想出去走走看看,于是会搜寻世界各地好玩的地点和事情。
这款方巾的构图看似对称实则不对称,增强了画面的丰富性,保留了不规则的笔触让画面更加灵活。这款方巾的图案采取的都是比较富有童趣的形象。大面积的植物代表着旅途路上的各色风景。

· 方巾贴图

《梦·旅》设计主稿

· 方巾元素素图

附图30 作品赏析｜龙艺娜

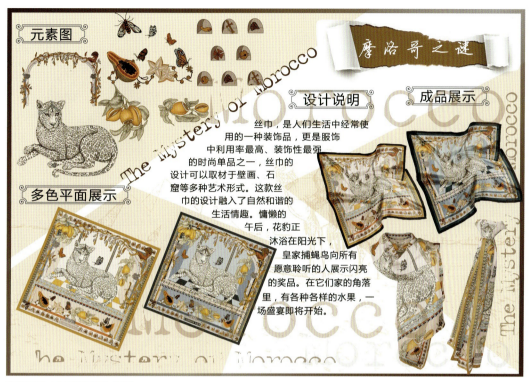

附图 31　作品赏析｜吴迪

附图 32　作品赏析｜张湄彬

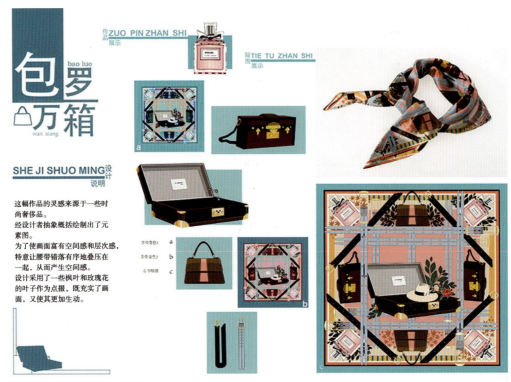

附图33　作品赏析｜朱睿

附图34　作品赏析｜姚映晗

附图35　作品赏析｜张诗雨

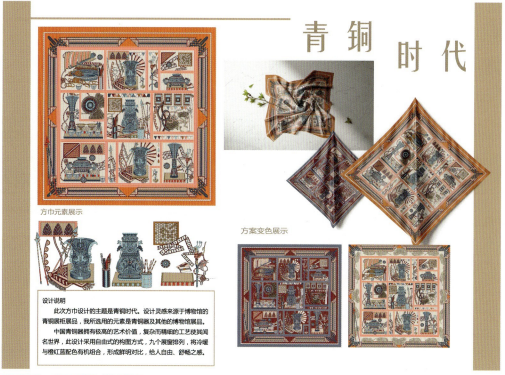

附图36　作品赏析｜张晓宇

附图37 作品赏析｜王媛

附图38 作品赏析｜李姝霖

二、床品图案设计部分

附图 39 作品赏析 | 赵丹琪

附图40 作品赏析 | 贾汝乙

附图 41　作品赏析｜丁施文

附图 42　作品赏析｜韦覃念

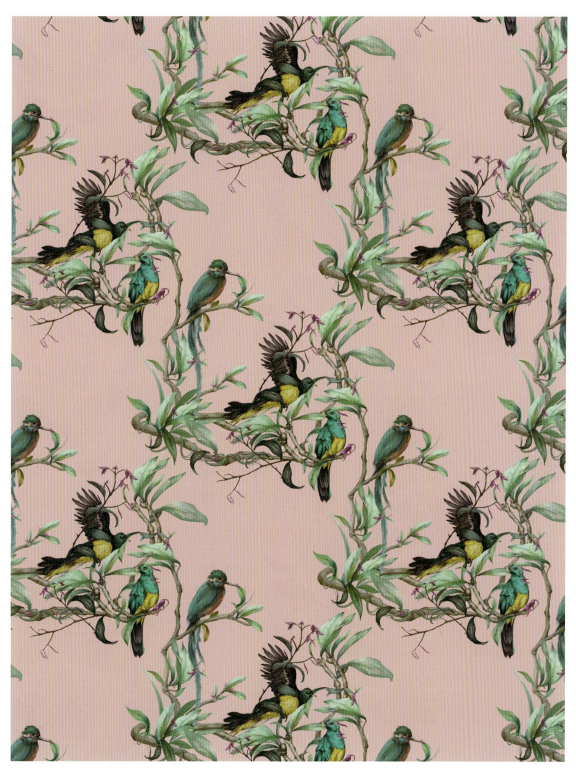

附图 43　作品赏析｜徐景怡

附图44 作品赏析 | 叶弈君

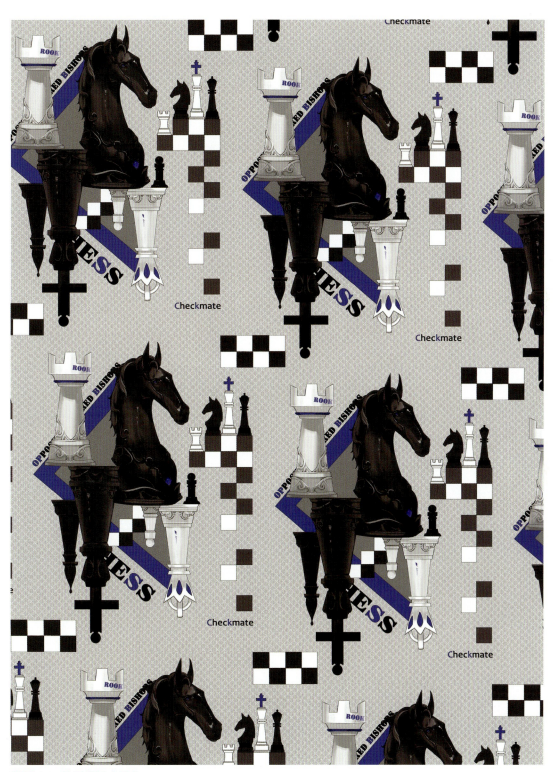

附图 45　作品赏析 | 季亮

附图46 作品赏析丨赵梦凡

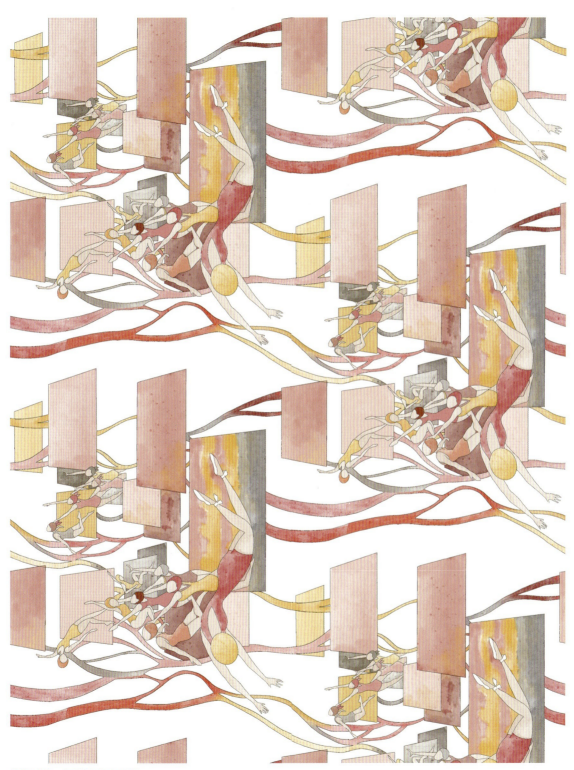

附图47 作品赏析丨莫然

附图48 作品赏析 | 贺美霞

附图 49　作品赏析｜史意如

附图50 作品赏析 | 李飞扬

附图 51　作品赏析｜方佳晔

附图52 作品赏析 | 攀睿婷

附图 53　作品赏析｜田益嘉

附图54 作品赏析1｜杨艺帆

附图 55　作品赏析 2 ｜杨艺帆

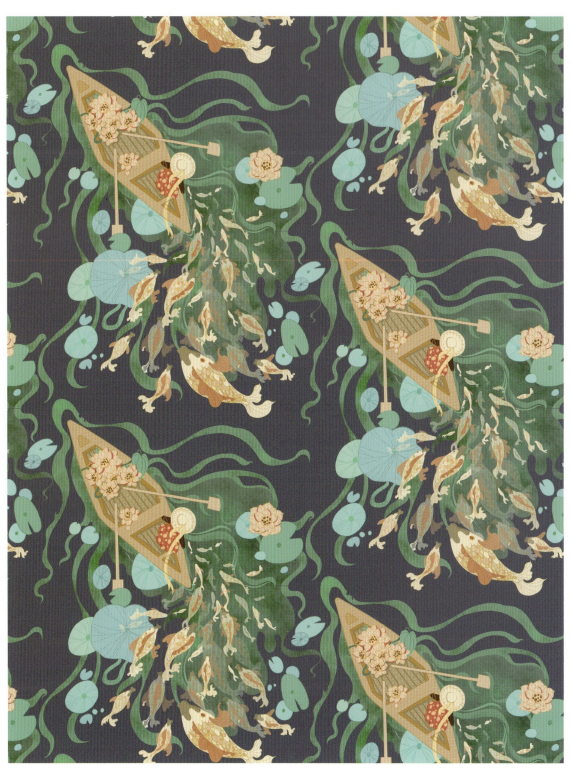

附图56 作品赏析 | 焦丹宁

附图 57 作品赏析 | 关诗雨

附图58 作品赏析 | 吕秉燃

附图 59 作品赏析 | 吕秉燃

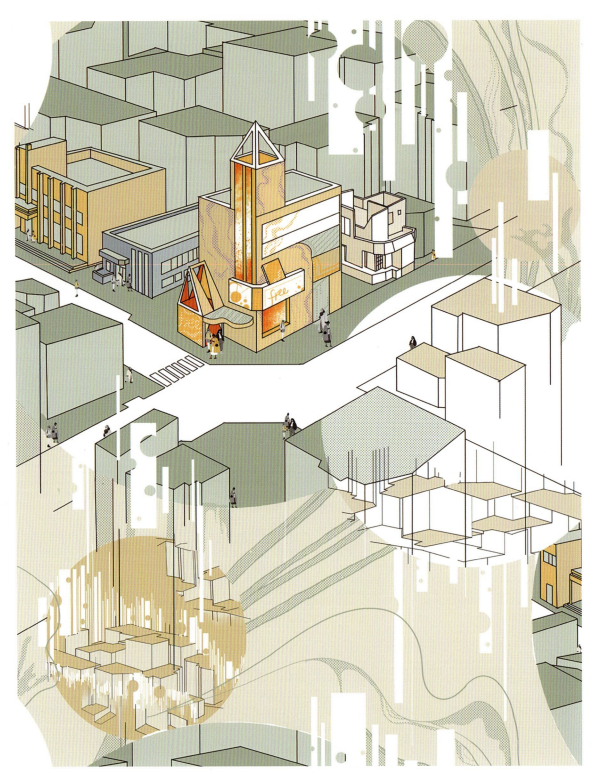

附图60 作品赏析 | 张洪萱

附图 61　作品赏析 | 汪宇珺

附图62　作品赏析｜李子彤

古今问道

设计说明：

围棋起源于中国，传为帝尧所作。围棋蕴含着中华文化的丰富内涵，是中国文明的体现。近年来，我国围棋愈来愈强。但AlphaGo的出现打破了宁静，夺了不少世界冠军，这是传统文化与现代科技的碰撞。

围棋、画卷与棋谱代表了传统，电路板的纹样则代表现代。画卷、棋谱与电路板纹样的互相打破与交融使得画面更加生动。由代表着传统文化与现代文化的碰撞与交融。棋子的空中腾飞，给画面增强了空间感，也给体现了优秀传统文化的精气神。古今问道即古今的碰撞与交融，传统文化与现代科技在碰撞中交织相融，再展芳华。

附图63　作品赏析 | 龙艺娜

沪上花春

设计说明

设计灵感来源于老上海旧画报，画报中的民国女郎个个身穿旗袍，面部红润饱满，一头复古波浪发型，凤眼细眉，气质脱俗。

设计图案中对两位女郎做平面化处理，模糊了面容。一位身向窗户，回眸间似有千言万语。迎春花向窗内伸展生长，树上站着一只燕子，象征着当时国人突破封建枷锁的束缚，开始接纳外国的事物，向世界探索。另一位女郎手持折扇，背后的扇面加入中国传统纹样蝙蝠纹和蜡染纹样，寓意我们在思想开放进步的同时不忘中国传统文化。配色以姜黄为主，以其他传统颜色为辅。希望带给大家怀旧又不失活泼的感觉。

附图64　作品赏析 | 马慧怡

附图 65　作品赏析｜吴迪

附图 66　作品赏析｜谢昆宏

附图67　作品赏析｜耿祎璠

附图68　作品赏析｜张月

附图 69　作品赏析｜李楠

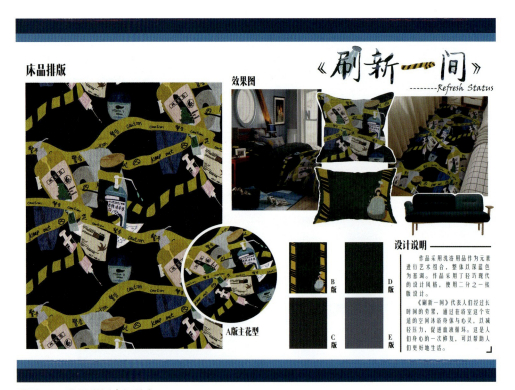

附图 70　作品赏析｜杨鹏宇

附图71 作品赏析 | 张诗雨

附图72 作品赏析 | 张雯

附图73 作品赏析丨张艺蒙

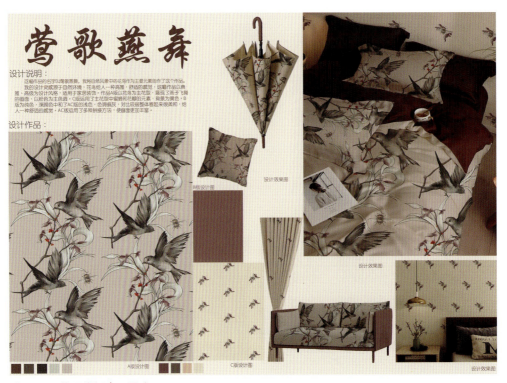

附图74 作品赏析丨巫雪琦

附图75　作品赏析｜徐景怡

附图76　作品赏析｜张一迪